그리고 당신이 죽는다면

괴짜 과학자들의
기상천외한
죽음 실험실

그리고 당신이 죽는다면

코디 캐시디, 폴 도허티 지음
조은영 옮김

And Then You're Dead

코디:

엄마, 아빠에게

폴:

과학을 흥미롭고 친밀하며
재미있고 정확한 것으로 만듦으로써,
학생들에게 과학에 대한 관심을
불러일으키는 방법을 몸소 보여주신
폴 티플러Paul Tipler 교수님께

Contents

들어가며   10

위험천만하지만
흥미진진한 죽음들

더 오싹하고
하드코어한 죽음들

솔직히 말해봅시다. 신문에서 누군가의 부고를 보고 처음부터 끝까지 기사를 샅샅이 훑었는데 사망 원인에 대한 별다른 설명이 없거나, 혹은 '사고로 사망'이라는 성의 없고 모호한 문장이 쓰여 있어 좌절한 적 없습니까? 이 불쌍한 사람이 얼음물에서 수영하다가 동사한 건 아닐까요? 운석에 맞았거나 고래한테 잡아먹혔는지도 모르는 일이지요. 대체 왜 정확히 말해주지 않는 겁니까!

사망 원인을 밝힌 경우라도, 감질나게 "특대형 자석으로 인해 비극적으로 생을 마감했습니다"라고 고작 1줄을 쓴 후 곧바로 유족들의 이야기로 넘어가 버리곤 하지요. 그럼 우리는 "정말 사람이 자석 때문에 죽을 수도 있나?"라는 궁금증에 빠지게 됩니다. 왜 제일 흥미로운 부분을 그냥 넘어가는 거죠?

여러분의 이러한 실망과 좌절을 충분히 이해합니다. 그래서 바로 그 궁금증을 해결해드리고자 합니다. 이 책은 가장 정확하고 자세한 부고에서조차 제대로 마무리 짓지 못한, 바로 그 부분에서 시작하겠습니다. 사망 원인 말이지요.

우리는 당신이 반소매에 반바지를 입고 우주에 뛰어든다면 '실제로' 어떤 일이 일어날지 가감 없이 말씀드리겠습니다. 왜 보잉Boeing 사가 비행기 안에서 승객이 창문을 열지 못하게 하는지 설명하겠습니다. 해저 깊은 곳에서 헤엄을 치다가는 어떤 일이 일어나는지도 당신의 비위가 허락하는 선에서 최대한 과학적으로 낱낱이 파헤치고, 끔찍한 사실이라도 모두 밝히겠습니다.

그러니까 이 책은 공포 소설의 대가 스티븐 킹Stephen King과 천재 물리학자 스티븐 호킹Stephen Hawking의 만남을 다루고 있다고나 할까요?

이 모든 엽기적인 이야기들을 통해 당신은 자신도 모르는 사이에 과학과 의학 지식을 얻게 될 것입니다. 상어가 당신 주위를 맴돌 때 어떻게 대처해야 할지도 알게 될 것입니다. 어설프게 살점을 뜯기기보다는 차라리 다리 전체를 물어뜯기는 편이 생존에 유리하다는 사실을 말입니다.

어떻게 이 모든 답을 알게 되었냐고요?

우리는 무모한 도전자들의 경험담 또는 불운한 사람들의 부검을 통해 사람이 나무통을 타고 나이아가라 폭포에서 떨어지거나, 입자가속기에 손을 넣거나, 벌에게 고환을 쏘이면 실제로 어떤 일이 일어나는지 알 수 있었습니다.

물론 아무도 경험해보지 못한 일도 있지요. 지금까지 누구도 직접 블랙홀에 뛰어들었거나, 세상에서 가장 차가운 물을 담은 욕조에서 목욕했거나, 땅속에 지구 반대편으로 연결되는 터널을 뚫고 들어간 적은 없으니까요. 이런 질문들에 답하기 위해 우리는 군사학(1950년대 미국 공군이 사람들의 생명을 위협하는 여러 실험을 시도한 덕분입니다), 의학 저널, 천체물리학자의 논문, 바나나 껍질이 얼마나 미끄러운지에 대한 궁금증을 참지 못한 교수들의 연구 등을 참조했습니다.

때로 우리가 찾아낸 답은 인간이 지금까지 쌓아놓은 지식을 초월합니다. 이 책을 20년 전에 썼다면, 적어도 이 우주에서만큼은 사람이 대형 자석 때문에 죽는 일은 없다고 확신했을 겁니다. 이 책을 그렇게 일찍 쓰지 않은 것은 참 다행입니다. 당신은 냉장고에 붙이는 자석 때문에, 그것도 아주 눈부시고 아름답게 죽을 수 있으니까요.

끔찍한 죽음을 조사하면서, 과학의 한계를 뛰어넘는 사례에 대해서는 추측한 바를 적었습니다. 과학적 사실에 근거해 가장 그럴듯한 시나리오를 쓰려고 했지요. 그래도 여전히 추측은 추측일 뿐입니다.

따라서 이 책에 나온 대로 우주정거장에서 스카이다이빙을 하고 블랙홀이나 화산에 뛰어들었는데, 우리의 설명과는 다른 경험을 했거나 최악의 경우 죽지 않았다면 정중히 사과드리겠습니다. 그런 분들은 반드시 연락 주세요. 2쇄를 출판할 때 해당 부분을 수정하겠습니다.

코디 캐시디, 폴 도허티

"그럼, 이제 상상만 해봤던
죽음들을 직접
체험하러 가볼까요?"

···▶

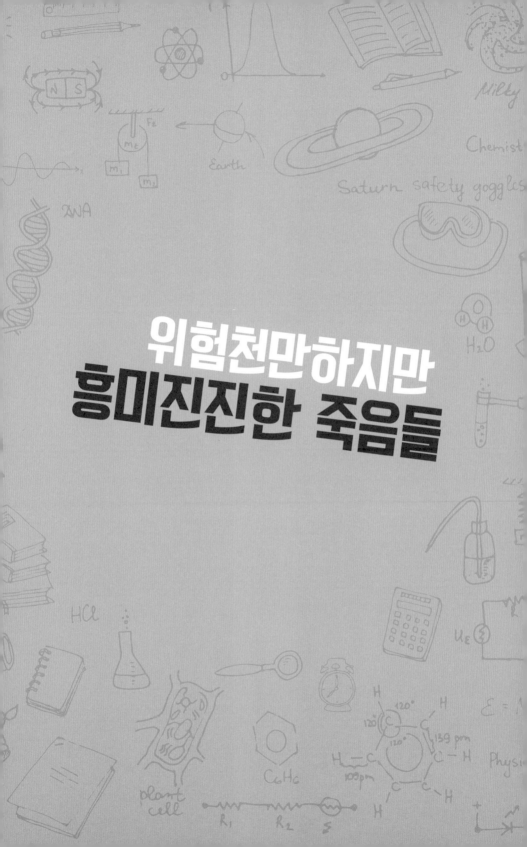

위험천만하지만
흥미진진한 죽음들

비행기 창문이 날아가 버린다면?

비행기를 타고 여행하는 대부분의 사람들처럼, 당신도 비행하는 동안 창밖을 내다보며 경치를 구경하고 아름다운 구름과 노을을 바라보겠지요. 그러다 문득 궁금해집니다. '이 창문이 갑자기 날아가 버리면 어떻게 될까?'

이 질문에 대한 답은 지금 비행 중인 고도에 따라 달라집니다. 이륙한 지 몇 분 안 되어 고도가 6,000미터 이상 올라가지 못했다면 아마 괜찮을 겁니다. 의식을 잃기까지 30분 정도는 숨도 쉴 수 있고, 몸이 창문 밖으로 빨려 나갈 정도로 기압 차이가 크지도 않을 테니까 말이지요. 공기가 약간 차긴 하겠지만 스웨터를 입고 있다면 큰 문제는 없을 겁니다.

시끄럽긴 하겠네요. 뚫린 창문으로 들어오는 바람 때문에 비행기 몸체가 세상에서 가장 큰 피리라도 된 것처럼 소리를 낼 테니까요. 그렇다면 승무원을 부르기도 힘들고요. 그래도 이 정도면 아주 나쁜 상황은 아닙니다. 고도 1만 미터에서 창문이 날아갔을 때에 비한다면 말이지요.

보통 비행기 객실의 공기는 승객이 편히 숨을 쉴 수 있도록 약 2,000미터 높이에서의 대기압으로 유지됩니다. 그런데 1만 미터 높이에서 창문이 빠져버리면 기압이 급속도로 떨어지면서 몇 가지 문제가 발생합니다.

아마 가장 먼저 몸에 있는 모든 구멍을 통해 몸속의 공기가 빠져나가는 것을 느낄 겁니다. 더구나 몸속에 있는 공기는 축축하므로 몸 밖으로 나오면서 안개처럼 뿌옇게 변하지요. 비행기 안에 있는 모든 사람의 몸에서 빠져나온 공기 때문에 객실 전체가 두꺼운 안개로 뒤덮입니다. 고역스러운 일이지요.

그래도 다행히 안개는 몇 초 만에 사라집니다. 모두 열린 창문으로 빨려 나가니까요. 여기서 안타까운 사실은, 바로 당신이 창문 옆자리에 앉아 있다는 것입니다. 어느 좌석에 앉았느냐가 큰 차이를 불러오거든요.

만약 복도 쪽에 앉았다면, 다시 말해 떨어져 날아간 창문에서 단 2칸이라도 떨어져 있었다면, 창문에서 허리케인처럼 빠른 바람이 분다고 해도 안전띠가 당신을 단단히 붙잡아줄 것입니다. 그러나 불행히 창문 쪽을 선택한 당신은 몸이 의자에 밧줄로 꽁꽁 묶여 있다고 해도 시속 480킬로미터로 부는 바람에 끌려 나오고야 맙니다. 창문 쪽 좌석이 복도 쪽 좌석에 비해 가지는 단점 중 잘 알려지지 않은 하나입니다.*

---

* 왜 고작 몇십 센티미터로 이런 차이가 생기는 걸까요? 이렇게 생각해봅시다. 물이 가득 찬 욕조의 마개를 빼내면, 마개를 빨아들이는 물의 힘은 마개가 구멍 가까이 갈수록 기하급수적으로 커

복도 쪽에 앉은 사람의 생존 가능성이 더 클 수밖에 없는 다른 이유
는 바로 창문 크기 때문입니다. 비행기 창문의 너비가 사람의 어깨너비
보다 좁거든요. 하버드대학교 연구 팀의 인체 연구 결과에 따르면, 미국
인의 평균 어깨너비는 약 46센티미터입니다. 그런데 보잉747 여객기의
창문 너비는 약 39센티미터이지요. 다시 말해 몸이 비행기 바깥으로 완
전히 빨려 나가지 못하고 중간에 끼어 있게 됩니다.*

이건 모두에게 참 다행한 일입니다. 몸이 낀 덕분에 당신은 비행기
에서 추락하지 않아도 되고, 당신의 몸이 창문을 틀어막는 바람에 객실
안의 공기가 천천히 빠져나가 다른 승객들이 산소마스크를 쓸 수 있는
시간을 벌어주거든요.

하지만 당신은 이제부터 곤란한 상황을 맞닥뜨리게 됩니다. 비행기
바깥의 새로운 환경에서는 일단 바람의 속도부터 다릅니다. 시속 960킬
로미터로 부는 돌풍이 당신의 얼굴을 때리고, 비행기 외벽으로 당신의
몸을 밀어붙여 알파벳 J 모양으로 만들어놓을 겁니다.** 다음은 추위입니
다. 땅에서 1만 미터나 올라오면 기온이 영하 54도로 떨어집니다. 그런
추위라면 코가 몇 초 만에 얼어버리겠지요.

집니다. 같은 현상이 비행기 창문에서도 일어납니다. 당신이 구멍 속으로 빨려 들어가는 마개가
되는 셈이지요.

* 이게 바로 영화와 현실의 차이입니다. 제임스 본드James Bond가 주인공인 영화 〈007 골드 핑거007
Gold Finger〉에서 악당 골드 핑거는 비행기 창문 밖으로 빨려 나가는 바람에 최후를 맞이합니다. 하
지만 실제 상황이었다면 몸이 창문에 끼어버린 채 꼼짝달싹도 못 했을 겁니다.

** 바람이 비행기에 부딪혀 튕겨 나오는 힘 때문에, 당신의 머리는 비행기 외벽에 눌린 채 붙어 있
는 게 아니라 계속 외벽을 때리게 될 겁니다. 이는 바람이 불 때 깃발이 한 형태로 고정되지 못하
고 펄럭거리는 것과 같은 원리입니다. 보기엔 바람이 일정하게 부는 것 같아도 실제로는 그렇지
않기 때문에 깃발의 모양이 계속 변하는 것이지요. 당신의 경우에는 깃발 대신 얼굴이 비행기 외
벽을 반복적으로 치게 됩니다.

세 번째는 기압입니다. 아마 잘 느끼지 못하겠지만 생명에 가장 큰 위협을 주는 요인입니다. 이렇게 높은 고도에서는 기온뿐 아니라, 기압 또한 매우 낮게 떨어집니다. 고도 1만 미터에서는 공기가 너무 희박해 산소가 부족하지요. 당신은 생존에 필요한 만큼 산소를 들이마실 수 없어서 자기도 모르는 사이에 질식하게 됩니다.

인간의 몸은 산소가 부족하다는 사실을 감지하지 못합니다. 숨이 찬 느낌으로 알 수 있는 것은 핏속에 이산화탄소가 너무 많다는 사실뿐입니다. 그래서 아무 일 없는 듯이 숨을 쉰다고 해도 실은 괜찮지 않습니다. 아마 15초 만에 의식을 잃고, 4분 만에 뇌사하겠지요.

이건 비행기 안에 있는 사람 모두에게 똑같이 해당합니다. 창문이 빠지는 순간 정신을 잃지 않고 산소마스크를 쓸 수 있는 시간이 15초쯤 주어집니다. 물론 당신의 몸이 창문을 잘 막아준다면 몇 초 정도 시간을 벌지도 모르지만요. 하지만 사실 8초가 지나면 뇌가 산소에 굶주린 나머지 정신이 혼미해져서 산소마스크를 써야 한다는 사실조차 깨닫지 못할 겁니다.*

이제 요약해볼까요? 당신은 몸 일부가 비행기 밖에 나와 있고, 얼굴은 비행기 벽에 부딪혀 짓눌리고, 동상에 걸린 상태로 의식을 잃습니다. 그렇다고 반드시 죽는 것은 아닙니다. 비행기 기장이 4분 안에 재빨리 6,000미터 아래로 하강한다면 살 수도 있습니다. 어떻게 아느냐고요?

---

*이런 사고가 1999년 미국 프로 골프 선수 페인 스튜어트Payne Stewart의 개인 전용기에서 일어났습니다. 그가 탄 비행기가 약 9,000미터 상공에서 기압 유지에 문제가 생겨 급격히 압력이 떨어졌는데, 조종사들이 시간 내에 산소마스크를 쓰지 못했지요. 당시 비행기는 자동 조종 상태로 2,400킬로미터를 비행한 후 연료가 바닥나 사우스다코타에 추락하고 말았습니다.

그런 일이 실제로 일어났기 때문이지요.

1990년에 브리티시 항공의 기장 팀 랭커스터Tim Lancaster가 몰던 비행기가 이륙한 지 얼마 안 되어 약 6,000미터 상공에 도달했을 때, 조종석 앞 창문이 뜯겨 나가는 사고가 발생했습니다. 랭커스터의 몸은 곧바로 좌석에서 들려 창문 밖으로 빠져나갔습니다. 고정되지 않은 물건들은 모두 날아다녔고, 비행기 문이 조종기에 낀 상태로 비행기는 아래로 곤두박질쳤습니다. 다행히 마침 조종석에 있었던 승무원 나이절 오그던Nigel Ogden이 창문 밖으로 빨려 나가는 기장을 가까스로 붙잡았습니다. 오그던은 〈시드니 모닝 헤럴드Sydney Morning Herald〉와 이렇게 인터뷰했습니다.

"모든 게 비행기 밖으로 빨려 나갔어요. 볼트로 고정되어 있던 산소통마저 날아가면서 제 머리를 칠 뻔했지요. 죽어라 매달렸지만, 저 역시 빨려나가는 걸 느꼈습니다. 그때 존이 달려 들어와 제 바지 허리띠를 붙잡고기장님의 안전띠로 저를 묶었습니다.
저는 기장님을 잃을 거라고 생각했어요. 그런데 다행히 기장님의 몸이창문에 반쯤 걸친 채 알파벳 U자처럼 접혀 있더군요. 기장님의 얼굴은창문에 부딪혀 코피가 났고 팔이 마구 흔들렸어요."

창문이 떨어져 나간 지 8분 만에 부기장은 가까스로 비행기를 착륙시켰고, 그동안 기장은 창문 반대편에서 내내 그를 바라보았습니다. 이상한 자세로 창문에 걸려 있던 기장을 소방관들이 겨우 꺼내고 보니, 그는 동상에 걸리고 갈비뼈 몇 개가 부러진 것 외에는 별 이상이 없었다고 합니다.

다행히 객실의 창문은 조종석 창문보다 훨씬 작으므로 당신은 동료 승객의 의협심에 기대지 않아도 됩니다. 기장이 신속히 대처하기만 한다면, 불편하지만 경치 좋은 지상으로의 여행을 즐기게 될 겁니다.

백상아리에게 물린다면?

모든 포식자가 그렇듯이 상어는 정정당당한 싸움에 관심이 없습니다. 공명정대하게 싸워서 이기려면 다치는 경우가 허다하고, 이긴다 한들 상처 때문에 몸놀림이 둔해져 굶주리기 일쑤니까요. 그래서 포식자들은 되도록 위험을 무릅쓰지 않고 상대를 단번에 때려눕히려고 합니다. 그런 면에서 굼뜨고 힘없고, 무엇보다 물속에서 속수무책인 인간은 상어에게 이상적인 싸움 상대입니다. 하지만 다행히 인간은 맛이 없습니다. 인간은 바다의 청설모나 다름없습니다. 뼈는 많고 지방이 별로 없지요. 그래도 상어는 호기심이 많은 존재라 사람을 공격합니다. 대개는 그리 위험하지 않은 작은 상어들이지만요.

하지만 늘 그런 건 아닙니다. 큰 상어가 공격할 때도 있지요. 길이가 6미터까지 자라는 백상아리라면 맛보기로 한 입 잘근거리기만 해도 큰 타격을 줍니다. 그런데 애초에 상어가 왜 인간에게 관심을 가지는 걸까요?

아마 먹기 위해서는 아닐 겁니다. 과학자들이 상어에게 물려 죽은 사람의 몸을 일일이 맞춰보니, 살점 1조각도 빠진 게 없었습니다. 사람을 무는 백상아리의 행동은 밥을 먹기 싫은 어린아이와 비슷합니다. 밥그릇 속의 콩을 잔뜩 헤집어놓지만 정작 입으로 들어가는 콩은 하나도 없는 것처럼 말이지요. 상어에게 사람이 얼마나 맛없는 먹잇감인지 알면 묘한 모욕감마저 들지도 모릅니다.

그렇다면 지독히 맛없는 이 인간을 상어는 왜 무는 걸까요? 가장 그럴듯한 설명은 상어가 먹잇감을 착각했기 때문이라는 겁니다. 상어가 물속에서 헤엄치는 사람을 바다표범으로 오인한다는 것이지요. 바다표범은 상어가 즐겨 사냥하는 먹잇감이거든요. 그래서 상어는 인간을 덥석 물었다가, 바로 실수를 깨닫고 뱉어버립니다. 마치 우리가 설탕 대신 소금을 들이부은 반찬을 먹었을 때처럼 말이지요.

이 설명은 꽤 그럴듯하지만, 이를 뒷받침할 과학적 근거는 별로 없습니다. 물론 상어의 눈에 파도 타는 인간과 바다표범이 비슷해 보일 수는 있습니다. 하지만 상어가 사람을 공격할 때와 바다표범을 덮칠 때 보이는 중요한 행동의 차이는 어떻게 설명할까요?

과학자들은 사람 모형을 미끼로 삼아 물속에 넣고, 상어가 모형에 접근하는 방식을 관찰했습니다. 그런데 상어가 바다표범을 공격할 때는 수면 아래에서부터 올라와 대단히 파괴적인 일격을 가하는 반면, 사람 모형의 경우에는 먼저 주위를 여러 차례 맴도는 것이 확인되었습니다.

또한 바다표범을 물 때는 우적우적 게걸스럽게 씹어대지만, 사람 모형 앞에서는 탐구적인 자세를 취하며 모형을 완전히 깨물지 않았습니다. 우리가 신선한 우유를 마실 때와 유통기한이 약간 지난 우유를 따라 마실 때의 차이와 비슷하다고나 할까요.

지금까지 알려진 증거는 백상아리가 먹잇감을 헷갈렸기 때문이 아니라, 오히려 단순한 호기심에서 인간을 공격한다는 사실을 말해줍니다. 상어는 물속에서 수압의 미세한 변화를 감지해 다른 동물의 움직임을 파악합니다. 그런데 사람이 물속에서 팔다리를 움직이며 헤엄치는 모습, 특히 수면 위로 드러난 상어의 지느러미를 보는 순간 당황하면서 움직임이 격렬해지는 모습이 상어의 호기심을 대단히 자극하지요. 상어는 "의심스러우면 일단 물어!"라는 생활신조를 가진 것 같습니다.*

이런 행동은 많은 포식성 동물에게서 관찰됩니다. 고양이를 길러본 사람이라면 고양이가 어떻게 무는 행동을 통해 사물과 세계를 탐구하는지 보았을 것입니다. 그러나 상어는 고양이와 다르지요. 백상아리가 무는 힘이 얼마나 센지 제대로 측정한 적은 없지만 모든 관련 실험들은 같은 결론을 내립니다. '힘이 아주 세다'는 것이지요. 백상아리가 단두대

---

* 우리가 여기에서 말하는 상어는 백상아리라는 점을 염두에 두어야 합니다. 백상아리는 배가 고파서 사람을 물지는 않습니다. 그러나 '장완흉상어'라는 다른 상어는 의도적으로 인간을 죽이고 또 먹기도 합니다. 다행히 장완흉상어는 멀리 떨어진 큰 바다 한복판에 출몰하기 때문에 이 상어의 공격을 받는 대상은 대개 난파선 생존자들입니다. 반면 백상아리는 종종 해안가에서도 모습을 드러내지요. 가장 잘 알려진 장완흉상어의 공격은 1945년 일본이 전쟁에서 항복하기 직전에 일어났습니다. 'USS 인디애나폴리스USS Indianapolis'라는 해군 함정이 필리핀 앞바다에서 어뢰의 공격을 받아 격침됩니다. 약 900명이 산 채로 물에 빠졌지만, 나흘이나 구조되지 못했습니다. 이 혼란을 틈타 장완흉상어들이 몰려와 선원들을 잡아먹기 시작했습니다. 생존자들을 구조한 후 확인해보니 상어에게 공격당해 죽거나 잡아먹힌 사람이 무려 150명에 달했다고 합니다.

처럼 사람의 몸을 깨끗하게 두 동강 낸 예도 있으니까요.

자, 이제 파도를 즐기는 당신이 자기도 모르는 사이에 호기심 많은 백상아리의 주의를 끌었다고 해봅시다. 충분히 화가 날 만한 일입니다. 순식간에 난도질당해 죽을 위험에 처했기 때문이라기보다는, 발생 확률이 지극히 작은 사고의 희생자가 되었기 때문이지요.

당신이 '오늘 하루 바닷가에서 놀다 올까?' 하고 길을 나섰다고 가정합시다. 우선 집에서 나와 계단에서 구르거나, 그 밖의 이유로 자동차까지 가는 길에 죽을 확률이 상어에게 공격받을 확률보다 10배는 큽니다. 그리고 일단 차에 오르면 바닷가까지 가는 길에 교통사고로 목숨을 잃을 가능성이 훨씬 크지요. 바닷가에 도착한 후에는 바닷물에 들어가는 길에 백사장의 모래 구덩이에 파묻혀 죽을 확률이 더 높습니다.

심지어 무사히 파도에 접근했다고 하더라도, 이제 가장 큰 죽음의 위험을 맞이합니다. 물에 빠져 죽을 확률이지요. 파도를 타다 보면 상어에게 물려 죽는 것보다 익사할 가능성이 100배는 더 높습니다. 하지만 이 모든 총알을 용케 피한 당신이 백상아리의 표적이 된 것은 정말 억세게 운이 나쁘다 하지 않을 수 없네요.

상어는 주로 아래쪽이나 뒤쪽에서 공격하기 때문에 다리를 물 확률이 높습니다. 또한, 상어는 밥상 예절을 제대로 배운 적이 없어서 음식을 꼭꼭 씹어 먹지 않습니다. 먹잇감을 입에 문 채 머리를 양쪽으로 격렬하게 흔들거나 몸통을 회전시켜 먹잇감을 찢어발깁니다. 희생자의 뼈에 난 소용돌이 모양의 이빨 자국을 보면 상어가 살덩어리를 칼로 자르듯 끊는 게 아니라 톱질하듯 썰어서 통째로 삼키는 습성이 있음을 알 수 있습니다.

그나마 다행인 것은 상어의 공격 중 70퍼센트는 1번으로 그친다는 사실입니다. 물론 그 1번의 공격으로 다리를 잃을 수도 있지요. 하지만 살아남을 수는 있습니다.

상어에게 다리를 물렸을 때 가장 큰 위험은 넓적다리 동맥이 끊어지는 것입니다. 동맥은 심장에서 나오는 피를 운반하기 때문에 높은 압력을 받습니다. 따라서 상처를 입었을 때 정맥이 손상되면 피가 줄줄 흐르지만, 동맥이 손상되면 피가 뿜어져 나오므로 훨씬 위험합니다.

더구나 넓적다리 동맥은 다리 전체에 산소를 공급하는 역할을 합니다. 1분에 전체의 5퍼센트에 이르는 혈액이 이곳을 통과하기 때문에 넓적다리 동맥이 손상되는 것은 최악의 상황을 의미합니다.

그러나 상어가 정확히 어떻게 다리를 물었느냐에 따라 살 수도, 죽을 수도 있습니다. 물론 인간은 1분에 5퍼센트의 혈액을 잃는 상황에서는 살아남을 수 없습니다. 4분 만에 죽고 말지요. 따라서 상어에게 물려 넓적다리 동맥이 잘린다면 당신은 아쉽게도 짧은 생을 마감하게 될 것입니다. 그러나 '반드시' 그런 것은 아닙니다.

지금 당신이 이 문장을 읽는 순간에도, 당신의 넓적다리 동맥은 약간의 긴장 상태에 있습니다. 양쪽으로 잡아당긴 고무줄처럼 말입니다. 만약 상어의 이빨이 동맥을 깔끔하게 절단한다면, 고무줄을 잡아당겼다가 손을 놓았을 때 원래 상태로 튕겨 돌아가는 것처럼 잘린 핏줄이 다리 속으로 다시 파고 들어간 후 근육이 핏줄의 끝을 꼬집어 닫아 출혈 속도를 늦추고 지혈할 시간을 줄 수 있습니다.

하지만 혈관이 울퉁불퉁하게 혹은 비스듬히 잘린다면 정확히 제자리로 돌아가지 못해 상황이 나빠집니다. 30초 만에 의식을 잃고 쇼크 상태에 빠질 겁니다. 끔찍한 양성 되먹임 고리(자극에 대한 반응이 오히려 자극을 더 증가시키는 현상 – 옮긴이)로 세포 조직에 피가 충분히 공급되지 못해 세포가 죽고 부어오르면서 몸의 나머지 부분으로 피가 흐르는 것을 막아 복잡한 문제가 생깁니다.

넓적다리 동맥이 어설프게 잘린 경우, 상어의 공격을 받고 4분 뒤면 전체 혈액의 20퍼센트를 잃고 치명적인 상태에 빠집니다. 심장이 계속 뛰려면 최소한의 혈압이 유지되어야 하는데, 혈액의 20퍼센트를 잃고 나면 혈압이 그 최저 수치 아래로 떨어집니다. 그대로 몇 분 후면 뇌가 완전히 죽습니다.

그나마 이는 운이 좋아 예상대로 상어가 뒤에서 공격했을 때 벌어지는 일입니다. 상어가 앞에서 머리를 공격하는 일은 드물지만 만약 그런 경우라면 상황은 더 좋지 않습니다. 머리에는 뇌가 들어 있고, 다리보다 목을 지혈하는 것이 훨씬 어려우므로 머리를 잃는 것은 바람직하지 않기 때문이지요(자세한 사항은 위키피디아Wikipedia의 '교수형' 항목을 참고해보세요).

변호사의 노트: 절대로 압박붕대를 목 주위에 두르지 마시오.

바나나 껍질을 밟고 미끄러진다면?

길을 걷다 바닥에 떨어진 바나나 껍질을 보면 얼마나 조심해야 할까요? 텔레비전에 나오는 만화 속 장면을 떠올린다면 당연히 '매우' 조심해야 합니다. 만화에서는 사람의 두개골이 지나치게 단단해 보이기 때문에 바나나 껍질의 위험이 과소평가될 수 있습니다. 그러나 적어도 만화에서 표현되는 바나나 껍질의 미끄러움만큼은 결코 과장이 아닙니다. 과학자들은 바나나 껍질이 모든 과일 껍질 중에서 가장 위험하다는 사실을 확인했습니다.

어떤 물체의 미끄러운 정도는 그 물체를 경사진 곳에 올려놓고 천천히 경사면의 각도를 올리면서 측정합니다. 물체가 미끄러져 내려오는 순간 경사가 이루는 각도의 탄젠트값이 마찰계수 CoF입니다. 대개 가장 미끄러운 것을 0으로, 끈적거리는 것을 1로 표시합니다. 마찰계수가 4

에 이를 정도로 끈적거리는 경우도 있습니다.* 시멘트 길에서 고무는 마찰계수가 1.04로, 거의 미끄러지지 않습니다.

마찰계수 범위의 반대쪽을 볼까요? 양말을 신고 나무로 된 마룻바닥을 미끄러지는 것은 마찰계수가 겨우 0.23입니다. 얼음은 그보다 훨씬 미끄럽습니다. 얼음판에서 고무 밑창이 달린 신발을 신고 산책을 하다가는 난처한 상황에 처할 수 있습니다. 얼음 위의 고무는 마찰계수가 불과 0.15밖에 안 되기 때문입니다.

하지만 바나나 껍질은 이 모든 것을 초월한 기록을 가지고 있습니다. 이 사실은 일본 미나토현에 있는 기타사토대학Kitasato University의 몇몇 대담한 교수들 덕분에 밝혀졌습니다. 이들은 만화 속 내용을 제대로 검증해보기로 했습니다. 기요시 마부치Kiyoshi Mabuchi 박사와 연구 팀은 바나나 1송이의 껍질을 모조리 까서 마룻바닥에 던져놓고는, 고무 밑창 신발을 신고(미끄럼 방지 처리가 된 신발이었길 바랍니다) 직접 밟아보았습니다.

엘머 퍼드Elmer Fudd(미국 애니메이션 〈루니 툰스Looney Tunes〉 시리즈에서 자주 바나나 껍질에 미끄러지는 멍청한 악역-옮긴이)는 우리가 알고 있는 것처럼 둔해 빠지지 않았는지도 모릅니다. 실험 결과, 나무 마루 위의 바나나 껍질은 마찰계수가 겨우 0.07로 얼음보다 2배, 나무보다 5배 더 미끄러웠습니다. 마부치 연구 팀은 여기서 그치지 않았습니다. 바나

---

* 마찰계수가 1보다 크다는 것은 물체가 45도보다 가파른 경사에 도달해야 미끄러진다는 뜻입니다. 지금까지 찾아낸 가장 높은 마찰계수의 주인공은 '톱 퓨얼 드래그스터top fuel dragster'라는 경주용 자동차의 바퀴 고무로, 포장도로에서 마찰계수 4를 기록했습니다. 이 자동차는 75도 경사의 벽도 올라갈 수 있지요.

나 껍질이 미끄러운 이유가 무엇일까요? 단지 수분 때문일까요? 그렇다면 다른 과일 껍질도 비슷하지 않을까요?

이를 알아내기 위해 마부치 연구 팀은 사과 껍질과 귤 껍질로 똑같은 실험을 반복했습니다. 그러니까 껍질을 열심히 밟고 다녔다는 말이지요. 그 결과, 사과 껍질은 마찰계수 0.1로 2등을 차지했습니다. 귤 껍질은 끈적거리는 편이라 마찰계수가 0.225였습니다. 과일 껍질이 없는 마룻바닥을 밟는 것과 마찬가지의 수치이지요.

앞으로 바닥에 온통 과일 껍질이 널려 있는 공장 옆을 지날 때면 반드시 기억하십시오. 바나나 껍질이 최악이라는 사실을 말입니다. 그냥 하는 우스갯소리가 아닙니다. 바나나 껍질을 짓누르면 아주 미끄러운 젤이 나옵니다. 발에 실리는 몸무게가 바나나 껍질에 압력을 가하면, 그때 껍질에서 젤이 나오면서 만화 속 우스꽝스러운 장면을 연출하게 되는 것이지요.

그렇다면 물체의 미끄러운 정도가 왜 그렇게 중요할까요? 사실 '걷는다'는 행동은 그저 쓰러지고 받는 행위의 연속일 뿐입니다. 발걸음을 옮길 때 몸이 앞으로 쏠리며 쓰러지면, 다음 발이 쓰러지는 몸을 받아내는 행동이 반복되는 것이지요. 그런데 바나나 껍질은 받는 단계에 문제를 일으킵니다.

미끄러운 표면이라도 그냥 멈춰 서 있을 때는 아무 문제가 없습니다. 그러나 발걸음을 옮기는 순간 몸이 앞으로 쏠리지요. 우리 몸은 쓰러지지 않으려고 약 15도 각도로 땅을 밟으며 발 앞쪽에 힘을 가합니다. 사람은 자신이 미끄러운 바닥을 걷고 있다는 사실을 의식하게 되면 본능적으로 걸음걸이를 바꿔 발이 땅에 착지하는 각도를 줄임으로써 넘어질 확률을 낮추려고 합니다. 그러나 바닥에 떨어진 바나나 껍질은 당신이 눈치채지 못하는 사이에 은밀히 접근합니다. 연구에 의하면 마찰계수가 0.1 이하인 물체를 밟은 사람 중 90퍼센트는 길바닥에 나동그라집니다.

넘어질 때의 가장 큰 위험은 당연히 머리를 다치는 것입니다. 머리는 필수적인 신체 기관으로, 신체에서 가장 높은 곳에 있습니다. 그 옛날 400~600만 년 전에 서서 걷는 법을 배우면서 인간은 크게 진보했지만, 동시에 미끄러져 넘어지는 위험을 안게 되었습니다. 사람의 키가 작은 개 정도라고 해봅시다. 그렇다면 넘어지더라도 바닥에 부딪혔을 때 크게 다칠 정도로 머리가 떨어지는 속도가 빠르지 않을 겁니다.* 이 정도 키라면 바나나 껍질 위에서 춤을 출 수도 있을 테지요. 머리가 30센티미터 높이와 180센티미터 높이에서 떨어져 부딪히는 것은 각각 멍과 골절이라는 차이를 불러옵니다.

성인이 넘어지며 단단한 바닥에 머리를 부딪칠 때의 힘은 두개골에 금이 가는 수준 이상입니다. 사람마다 다르지만, 일반적으로 키가 90센티미터 이상이면 단단한 바닥에 넘어졌을 때 두개골에 금이 갑니다. 두개골은 보통 앞뒤가 더 단단하고 양옆이 약합니다. 그러나 단단한 앞머리가 부딪힌다고 해도 키가 180센티미터라면 충분히 두개골이 깨지고도 남습니다. 특히 앞으로 넘어졌다면 말이지요.

---

*이 점에서는 벌레가 인간을 능가합니다. 역사상 높은 곳에서 떨어져 죽은 벌레는 없으니까요.

즉 어떤 경우든 키가 180센티미터인 사람이 넘어져 머리를 부딪치면 두개골이 골절됩니다. 두개골 골절은 몇 가지 이유로 문제가 될 수 있는데, 그중 가장 큰 위험은 출혈입니다. 사람의 뇌는 엄청난 양의 혈액을 독점하고 있거든요. 따라서 두개골이 골절되면 출혈로 인해 단시간에 심각한 상태가 됩니다.

두개골 안쪽의 출혈은 그 어느 부위에 일어나는 출혈보다 위험합니다. 다리에 난 상처와 다르게, 두개골 안쪽에는 반창고를 붙일 수 없기 때문만은 아닙니다. 그보다 두개골은 파손되기 쉬운 짐을 운반하는 단단한 컨테이너이기 때문이지요. 머리에 피가 고이면 뇌가 압박을 느낍니다. 두개골은 단단해서 크기가 늘어나지 않습니다. 따라서 피가 많이 찰수록 뇌가 짓눌리게 되고, 심하면 중요한 기능이 마비됩니다. 이를테면 숨쉬기 같은 것 말입니다.

물론 인간은 본능적으로 뇌가 얼마나 약한 기관인지 잘 알고 있습니다. 넘어지는 순간, 손이든 팔꿈치든 무릎이든 머리를 제외한 무엇이든 이용해 뇌가 바닥에 부딪히는 것을 막기 위해 최선을 다합니다. 그래서 사람들은 머리가 깨지는 대신 엉덩이에 멍이 드는 일이 더 많고, 또 바나나 껍질이 치명적인 무기가 아닌 우스꽝스러운 소품으로 보이는 겁니다.

그러나 늘 그렇지는 않습니다. 보비 리치Bobby Leach라는 사람을 볼까요? 그는 겁도 없이 나이아가라 폭포에 도전한 사람입니다.

1901년 이후 약 15명이 유명해지거나 스릴을 만끽하기 위해 나이아가라 폭포에 도전했습니다(어떤 일이 일어났는지는 84쪽에서 확인하세요). 그중 5명이 익사했고, 나머지도 대부분 살아 돌아오지 못했습니다. 나이아가라 폭포에서 떨어져 살아남은 첫 번째 생존자는 다음과 같이 말하기도 했습니다. "다시 도전하느니 차라리 대포 앞에 서서 포탄을 맞고 죽는 편을 선택하겠습니다."

그러나 보비 리치는 전문 스턴트맨이자 무모한 도전자, 서커스 공연자로서 생계를 위해 죽음에 도전해왔습니다. 1911년 리치는 쇠로 된 통에 몸을 싣고 폭포에서 떨어졌습니다. 비록 6개월 동안 병원 신세를 지며 부러진 무릎과 턱을 치료해야 했지만, 어쨌든 그는 살아남았습니다.

그 후에 리치는 강연자로서 성공적인 경력을 쌓았고, 자신을 태웠던 통을 들고 세계 이곳저곳을 다니며 사람들과 기념사진을 찍었습니다. 그러던 1926년 리치는 뉴질랜드의 오클랜드에서 길을 걷다가 '알 수 없는 과일 껍질'을 밟고 넘어져 다리에 큰 상처를 입었습니다. 그리고 며칠 후 합병증으로 사망하고 말았습니다.

산 채로 땅속에 묻힌다면?

사람의 맥박은 턱과 목 사이 움푹 들어간 곳을 지나는 목정맥에 두 손가락을 대고 측정할 수 있습니다. 대개 1분에 70번 정도 맥박이 뛰지요. 맥박수가 26보다 낮다면 구급차에 실려 가며 이 책을 읽어야 할 것입니다.

맥박이 느껴지지 않는다면 일단 손가락을 엉뚱한 데 두었을 가능성이 크지만, 그게 아니더라도 반드시 죽었다는 뜻은 아닙니다. 맥박이 너무 약해서 느끼지 못하는 예도 있으니까요.* 바로 이 점이 중세 시대 의사에게 골치 아픈 문제였습니다. 당시에는 맥박을 체크하는 것이 환자

---

* 어쩌면 수면마비 증상일 수도 있습니다. 수면 중에 몸이 마비되는 것이지요. 만약 마비에서 깨어났는데 뇌의 착각으로 근육에 신호가 돌아오지 못하는 상황만 아니라면 괜찮습니다. 살면서 한 번쯤은 경험하는 증상입니다. 대개 1분 미만 지속되지만, 1시간까지도 지속되는 경우가 있어 응급 구조대원을 혼란스럽게 합니다. 시체안치소에 가서야 깨어난 여성의 사례도 있습니다.

가 살아 있는지 확인하는 유일한 방법이었으니까요.* 혼수상태인 환자에게 사망선고를 내렸다가 환자가 시체안치소에서 깨어나는 일도 비일비재했습니다. 그래서 걱정 많은 어떤 사람들은 만일을 대비해 자신의 무덤 위에 종을 매달고 관 속까지 끈을 연결해달라고 부탁하기도 했습니다.**

오늘날 의사들은 보다 정교하고 확실한 방법으로 사망 여부를 가립니다. 환자의 심장과 뇌에 흐르는 전기 신호를 측정하지요. 그러나 만일 당신의 담당 의사가 저녁 약속 때문에 마음이 급해 제대로 확인 절차를 거치지 않았다고 가정해봅시다. 의사는 당신을 제대로 살펴보지도 않고 사망진단서에 성급히 서명한 뒤, 곧바로 코트를 집어 들고 택시에 올라탑니다. 그사이 당신은 바퀴 달린 것에 실려 뒷문으로 나간 뒤, 구급차에 옮겨져 시체안치소에 들렀다가 땅속으로 들어갑니다. 그다음에는 어떤 일이 일어날까요?

일단 밀폐된 관에 갇히면, 그 순간부터 당신은 관 속에 들어 있는 제한된 양의 산소를 써버리기 시작합니다. 일반적인 크기의 관에는 900리터의 공기가 들어갑니다. 그중 당신의 몸이 약 80리터를 차지한다고 하면, 당신에게는 총 820리터의 공기가 주어진 셈입니다. 숨을 1번 쉴 때마다 폐는 약 0.5리터의 공기를 들이마십니다. 하지만 실제로 그중 20퍼

---

* 의사가 죽은 자의 입에 거울을 대고 호흡을 확인하는 방법도 있습니다. 숨을 쉬고 있다면 거울에 김이 서릴 테니까요. 그래서 이런 말이 생겨난 겁니다. "거울에 김만 서리게 할 수 있다면 누구든지 할 수 있는 일이다."
** 미국 작가 에드거 앨런 포Edgar Allan Poe가 대표적인 예입니다. 그는 생매장당하는 것에 공포를 느꼈다고 합니다.

센트의 산소만 사용하므로 당신은 여러 번 같은 공기를 들이마시고 내뱉을 수 있습니다.

물론 마지막 남은 1모금의 산소를 들이마시는 순간이 오기 전에 일이 잘못될 수도 있습니다. 보통 공기 중에는 산소가 21퍼센트 정도 들어 있습니다. 인간이 가장 편안하게 숨을 쉴 수 있는 상태이지요. 그러나 관 속에서 산소를 써버리기 시작하면 바로 문제가 발생합니다. 예를 들어 공기 중에 산소가 12퍼센트밖에 안 되는 상태에서 숨을 쉬면 뇌 세포가 산소에 굶주리기 때문에 두통과 현기증, 구토가 일어나고 정신이 혼미해집니다.

관 속에 남아 있는 공기 속 산소로는 약 6시간을 버틸 수 있습니다. 그 후에는 숨이 막혀 죽겠지요. 그러나 이것도 침착하게 누워 있을 때의 얘기입니다. 숨을 참으면 더 오래 버틸 거라고 생각하나요? 사실은 오히려 산소 사용량이 늘어납니다. 길게 숨을 참은 뒤에는 몸이 필요 이상으로 큰 숨을 들이마셔 핏속에 쌓인 이산화탄소를 산소로 대체하려고 하기 때문입니다. 따라서 느리고 차분하게 숨을 쉬는 것이 오히려 바람직합니다.

공기 중 산소 비율이 10퍼센트로 떨어지면 순식간에 의식을 잃고 코마 상태에 빠질 위험이 있습니다.* 그리고 6~8퍼센트가 되면 급사할 수 있지요.

---

* 질문: 관 속에 화분이 있다면 도움이 될까요? 답: 안타깝게도 아닙니다. 그 정도의 식물로는 충분한 양의 산소를 제시간에 생산해낼 수 없습니다(또, 빛이 없는 관 속에서는 광합성이 일어나지 않는다-옮긴이).

그러나 흥미로우면서도 복잡한 문제가 1가지 더 있습니다. 당신을 죽음에 이르게 할 다른 상황이 벌어지거든요. 당신이 숨을 쉴수록 관 속의 공기가 산소에서 이산화탄소로 바뀐다는 겁니다. 매우 골치 아픈 문제이지요.

과도한 양의 이산화탄소를 들이마시면, 산소 대신 이산화탄소가 피에 들러붙어 세포 조직에 충분한 양의 산소를 운반할 수 없습니다. 그래서 중요한 신체 기관이 질식하게 되지요. 정상적인 공기 중에는 0.035퍼센트의 이산화탄소가 들어 있습니다. 그러나 밀폐된 관 속에서는 당신이 숨을 쉴 때마다 관 속의 이산화탄소 양이 급격히 늘어납니다.

이산화탄소가 전체 공기의 20퍼센트를 차지하게 되면 당신은 불과 2, 3초 만에 혼수상태에 빠지고, 몇 분 지나지 않아 사망할 것입니다. 또한 이산화탄소 때문에 중추신경계가 중독되어 착란과 섬망이 일어나고, 어쩌면 관 속에서 귀신을 보게 될지도 모릅니다.

이렇게 늘어나는 이산화탄소와 줄어드는 산소가 당신을 죽이기 위해 막상막하의 대결을 펼치겠지만, 결국 당신은 자신이 내쉬는 숨에 중독되어 죽게 될 것입니다. 관 속에서 이산화탄소는 불과 150분 만에 치명적인 수준까지 올라가, 산소가 바닥나기 2시간 전에 당신을 사망에 이르게 할 테니까요.

그러나 더 끔찍한 상황도 고려해봅시다. 만일 무덤을 파는 사람이 너무 바쁜 나머지 당신을 관에 넣지 않고 그대로 묻었다면 어떻게 될까요? 흙을 파고 올라와 탈출할 가능성을 염두에 둔다면 오산입니다. 실제로는 관에 들어가 매장되었을 때보다 더 빨리 죽을 테니까요.

180센티미터 깊이의 땅속이라면 차라리 시멘트 속에 들어가는 게 나을지도 모릅니다. 180센티미터 깊이의 흙은 당신의 가슴을 약 230킬로그램의 무게로 짓누를 겁니다. 다시 말해 절대로 흙을 파고 나올 수가 없다는 뜻이지요. 어떤 좀비 영화에서건 텅 빈 무덤이 나온다면 그건 분명 누군가 '밖에서' 무덤을 판 것이라고 확신해도 좋습니다.

다행인 점도 있습니다. 곧바로 숨이 막히지는 않거든요. 우리 몸을 이루는 근육 중 대부분은 230킬로그램의 흙을 들어 올릴 힘이 없습니다. 그러나 가로막(횡격막)은 다릅니다. 가로막은 무거운 흙을 들어 올려 폐가 부풀어 오를 자리를 마련해줍니다. 그래서 여전히 '물리적'으로는 숨을 쉴 수 있습니다. 다만 들이마실 것이 별로 남아 있지 않다는 사실이 안타까울 뿐이지요.

흙 속에 묻히는 것과 비슷한 상황이 눈사태에서도 벌어집니다. 눈 속에 파묻힌 후 생존할 수 있는 확률은 매 시간 절반으로 줄어듭니다. 즉, 1시간 동안 눈 속에 갇힌다면 살아서 나갈 가능성은 50퍼센트, 2시간이면 25퍼센트로 줄어듭니다. 흙 속에서는 훨씬 가능성이 낮겠지요. 신선한 눈은 90퍼센트가 공기로 이루어져 있지만 흙은 대개 그냥 흙이니까요. 눈이든 흙이든 그 안에 묻히게 된다면 팔을 휘둘러 공기층을 확보하는 것이 중요합니다.

그러나 생매장되는 것 때문에 그렇게 두려워하지 않아도 됩니다. 아마 당신은 무덤에 도착하기 훨씬 전에 죽어 있을 테니까요. 설사 부주의한 담당 의사가 살아 있는 당신에게 사망 선고를 내린다 하더라도, 시체안치소까지 가는 길 역시 죽음이 도사리고 있습니다. 당신을 땅에 묻

기 전에 최악의 수혈이 진행되거든요. 세포 조직을 보존하기 위해 장의
사는 당신의 피를 포름알데히드로 바꿉니다. 이 과정이 슬프게도, 어쩌
면 생매장될 것을 두려워하는 당신에게는 자비롭게도, 땅에 묻히기 전
에 죽음을 선사하겠지요.

벌 떼의 공격을 받는다면?

마이클 스미스Michael Smith가 꿀을 따려고 벌집 안을 들여다보았을 때, 모험심 강한 꿀벌 1마리가 스미스의 바지 안으로 들어가 그의 고환을 쏘아버렸습니다.

그런데 놀랍게도 생각했던 것만큼 아프지 않았습니다. 스미스는 궁금해졌습니다. '고환에 쏘인 게 최악이 아니라면, 어디에 벌이 쏘였을 때 가장 아플까?'

스미스는 지금까지 누구도 이 질문에 대한 답을 얻기 위해 자처해서 벌에 쏘인 적이 없다는 사실에 충격을 받았습니다. 이제 스미스는 새로운 소명을 찾았습니다. 하루를 시작하는 일거리가 생긴 것이지요.

매일 아침 9시에서 10시 사이에 스미스는 조심스럽게 핀셋으로 꿀벌을 집어 피부에 댄 후 침을 쏠 때까지 눌러 자극을 가했습니다. 이렇게 스미스는 매일 5번씩 벌에 쏘였습니다. 5번 중 처음과 마지막 벌침은 언제나 팔뚝에 놓아 비교를 위한 대조군으로 사용했고, 이때의 통증은 1부터 10까지의 지수 중 자동으로 5로 설정되었습니다. 가운데 3방은 그날 아침 스미스의 선택을 받은 어느 불쌍한 신체 부위에 놓였지요.

잠깐, 여러분이 질문하기 전에 미리 말할게요. 스미스는 이미 벌에게 고환까지 쏘여본 사람입니다. 당연히 몸의 '어느 부위든' 실험했을 테지요!

벌에 쏘였을 때 가장 덜 아픈 부위는 두개골, 가운뎃발가락, 팔뚝 위쪽이었습니다. 스미스의 통증 지수에 따르면 겨우 2.3을 기록했지요. 그다음 바짝 쫓아온 것이 엉덩이로, 3.7의 통증 지수를 나타냈습니다.

반대로 통증이 심한 부분은 얼굴과 음경, 콧속이었습니다. 스미스는 쾌락과 고통의 경계가 모호하다고 말하는 사람들은 자신들의 은밀한 부위를 벌에 쏘여본 적이 없을 거라고 생각하게 되었습니다. 그는 〈내셔널 지오그래픽National Geographic〉과의 인터뷰에서 다음과 같이 말했습니다. "그 부위를 벌에 쏘였을 때, 쾌락과 고통이 교차하는 지점은 단연코 없었습니다." 군이 선택을 해야 한다면, 스미스는 벌통에 들어갈 때 얼굴에 마스크를 쓰지 않으니 차라리 팬티를 입지 않겠다고까지 말했습니다. 물론 그 어떤 선택도 기분 좋은 경험은 아니겠지만요.

"콧속에 벌침을 놓는 순간, 강렬한 전기 충격에 코 전체가 지끈거렸습니다. 곧바로 심한 재채기와 함께 눈물이 쏟아졌고, 엄청난 양의 콧물이 흘러내렸습니다."

스미스의 개인적 경험을 바탕으로 최종 수치를 확인하자면(물론 당신이 관심을 보였다면 스미스는 기꺼이 표본의 수를 늘렸을 겁니다), 벌에 음경을 쏘였을 때의 고통 수치는 7.3, 윗입술은 8.7을 기록했습니다. 최악의 부위는 바로 콧속으로, 수치가 무려 9.0에 달했습니다.

잘 알려지지 않은 사실 1가지를 말해볼까요? 일단 벌 1마리에게 쏘이면 다른 벌들이 몰려옵니다. 꿀벌은 침을 놓음과 동시에 페로몬 칵테일을 방출해서 벌집 전체에 수비가 필요한 상황임을 알립니다. 이 페로몬에 가장 많이 들어 있는 성분은 이소아밀 아세테이트isoamyl acetate라는 것인데, 바나나 향이 나기 때문에 사탕을 만들 때 흔히 들어갑니다. 또한, 이소아밀 아세테이트는 밀 맥주에도 사용되지요. 다시 말해, 벌집을 쑤시기 전에는 함부로 바나나 맛 사탕을 먹거나 바이에른 밀 맥주를 마시지 말라는 뜻입니다.

만일 이 충고를 무시하고 벌집 근처에서 바나나 향을 풍기고 다닌다면 스스로 벌 떼에 경고 메시지를 보내는 셈이 되겠지요. 화가 난 벌들이 '벌 떼처럼' 달려들 겁니다. 벌침에는 낚싯바늘 같은 미늘이 달려 있으므로 침을 쏜 벌이 날아간 후에도(적어도 그러려고 애써도) 침이 벌의 내장과 함께 피부에 남습니다.* 자연계의 자살 특공대나 다름없지요.

꿀벌의 몸에서 침이 분리된 후에도 미늘은 피부 속으로 더욱 깊숙이 파고듭니다. 그리고 벌침 끝에 달린 주머니에서 독소를 펌프질해 피

---

* 침을 쏘는 것이 자신에게도 치명적이기 때문에, 꿀벌은 되도록 크고 위험한 포식자를 대비해 침을 아껴둡니다. 장수말벌은 꿀벌의 꿀을 아주 좋아합니다. 꿀벌은 장수말벌처럼 비교적 작은 적을 상대할 때는 독특한 방법을 사용하는데, 여러 마리가 침입자를 공 모양으로 빼곡히 둘러싼 후 몸에서 열과 이산화탄소를 방출해 질식시킵니다.

부 속으로 집어넣습니다. 벌침의 독은 다른 곤충의 독과 매우 비슷하게 작용합니다. 세포에 침투해서 특정한 화학 반응을 일으키고, 원하는 결과를 만들어내는 것이지요.

꿀벌의 독은 멜리틴melittin이라는 화학물질을 이용해 세포막을 뚫고, 세포 속으로 들어갑니다. 멜리틴은 인지질 가수분해효소 A_2라는 세포성 폭탄을 지고 다닙니다. 그러다가 혈액 세포와 만나면 그것을 파괴해버리고, 신경 세포와 만나면 그것이 제대로 신호를 보내지 못하게 만듭니다. 우리의 뇌는 이 현상을 따끔한 통증으로 인식하지요.

그 외에도 벌침 속의 여러 화학물질이 몸의 다른 기능에 영향을 미칩니다. 예를 들면 피의 흐름을 막아 몸이 독소를 희석하지 못하게 하기 때문에, 통증이 계속되지요. 또 세포 조직 안에서 다른 세포로 연결되는 다리를 놓아, 독이 한 세포에서 다른 세포로 퍼지게 합니다.

스미스가 콧속에 벌이 쏘이는 통증에 9점이라는 높은 점수를 주었으나, 사실 이 정도는 다른 벌레에 물렸을 때의 통증에 비교하면 절반도 되지 않습니다. 이번엔 이 분야의 또 다른 권위자를 소개하겠습니다. 고통의 시인, 저스틴 O. 슈미트Justin O. Schmidt입니다.

슈미트의 통증 지수에 따르면 벌에 쏘이는 고통은 4점 만점에 고작 2점입니다. 슈미트가 감히 이렇게 확신할 수 있는 것은 직접 150종 이상의 곤충에게 물려보았기 때문입니다. 슈미트는 세계 최초로 고통 감정사가 되어, 곤충에게 물렸을 때 느끼는 통증의 정도를 수치로 나타내 정리했습니다.

슈미트의 통증 지수 중 제일 낮은 점수를 기록한 것은 겨우 1.0점인 꼬마꽃벌입니다. 슈미트는 꼬마꽃벌에게 물린 통증을 다음과 같이 묘사했습니다. "잠시 스치고 지나가는 가벼운 통증은 감미롭기까지 하다. 희미한 불꽃이 팔뚝의 털 1가닥을 겨우 그을리고 간다."

꿀벌과 장수말벌, 북아메리카중땅벌은 모두 통증 지수 2.0을 기록했습니다. 아직 북아메리카중땅벌에게 쏘이는 즐거움을 맛본 적이 없다면, 그 느낌은 이렇습니다. "풍부하고 뜨끈하며 바삭바삭하다. 회전문에 손을 찧었을 때의 느낌이라고나 할까."

장수말벌의 침은 어땠을까요? "얼얼하고 매캐하며 불손하기까지 하다. 코미디언 W. C. 필즈William C. Fields가 당신의 혀에 담배를 비벼 끈다고 상상해보라."

장수말벌보다 상위를 기록한 곤충 중에는 미국 남서부에서 발견되는 붉은수확개미가 있습니다(열마디개미와는 다른 종입니다). 붉은수확개미의 독침은 통증 지수 3.0이고, 느낌은 다음과 같습니다. "대담하며 인정사정 봐주지 않는다. 살 속으로 파고든 발톱을 드릴로 파내는 기분이랄까."

쏘였을 때 가장 극심한 고통을 주는 벌레 중 하나는 타란툴라호크라는 말벌입니다. 전 세계 어디서나 나타나지만, 사람을 쏘는 일은 거의 없습니다.* 그러나 운이 억세게 나빠 타란툴라호크에게 쏘인다면 이렇

---

* 타란툴라호크는 타란툴라라는 거미 위에 알을 낳은 후 침을 쏘아 거미를 마비시킵니다. 알이 부화하면 애벌레는 타란툴라의 몸속으로 들어가 살과 내장을 먹으며 자랍니다. 그러나 타란툴라가 되도록 오래 살아 있도록 중요한 기관은 건드리지 않습니다. 어린 말벌이 세상에 나올 준비를 마치면 타란툴라의 배를 뚫고 나옵니다. 영화 〈에이리언Alien〉에서 외계인이 등장인물 중 하나!

게 될 겁니다. "눈을 뜨지 못할 정도로 고통스럽고, 매우 강한 전기 충격이 느껴진다. 거품 목욕을 하고 있는데 누군가가 작동 중인 헤어드라이어를 욕조에 던져 넣었을 때처럼 말이다."

최악의 벌레라는 타이틀은 총알개미가 차지했습니다. 총알개미는 중앙아메리카와 남아메리카의 열대 지방에서 발견됩니다. 통증의 강도와 지속성에서 모두 타란툴라호크를 가볍게 제쳤지요. 슈미트에 따르면 총알개미에게 물렸을 때는 이런 느낌이라고 합니다. "순수한 고통 그 자체, 강렬하고 오색찬란한 고통을 느낄 수 있다. 발뒤꿈치에 8센티미터짜리 녹슨 못이 박힌 채 불타는 숯덩이 위를 걷는 기분이다."

하지만 총알개미에 물렸을 때의 아픔이 아무리 크다고 해도, 여러 마리가 한꺼번에 공격하지는 않기 때문에 이들을 가장 위험한 곤충이라고 볼 수는 없습니다. 집단 공격은 꿀벌의 특징이지요. 꿀벌의 침으로 사람을 죽이기 위해서는 몸무게 약 0.45킬로그램당 8~10개의 독침이 있어야 합니다.

꿀벌 1마리가 침을 1번밖에 쏠 수 없으므로, 몸무게가 80킬로그램인 사람이 벌침의 신경 독소 때문에 심장이 멈출 정도가 되려면 최소한 1,500마리에게 쏘여야 합니다. 물론 벌침에 알레르기가 없다는 전제하에 말이지요. 벌침 알레르기가 있으면 1방으로도 충분히 심장이 멈출 수 있으니까요.

물론 1,500이라는 수는 하나의 이론적 예시에 불과합니다. 언제나

케인Kane의 가슴을 뚫고 나온 것처럼 말입니다. 이 얘기를 들으니 타란툴라가 안쓰럽지 않나요?

특이한 사례는 있게 마련이지요. 어떤 사람은 훨씬 많은 수의 벌에 쏘이고도 살아남았습니다. 의사가 몸에서 2,200개의 벌침을 뽑아냈는데도 죽지 않은 사람이 있었습니다. 이 사람은 벌 떼의 공격이 너무 심해지자 물속으로 뛰어들었는데, 불행히도 벌 떼가 구름처럼 쫓아와 주위를 맴돌았지요. 숨을 쉬려고 수면 위로 얼굴을 내밀면 공기와 함께 벌을 들이마실 정도였습니다.

어쨌든 그는 살아남았습니다. 아마 일시에 공격을 받은 게 아니라 시간을 두고 쏘였기 때문일 것입니다. 하지만 벌들이 이제 그에게 '벌'을 그만 줘야겠다고 결정했을 때, 그의 얼굴은 이미 벌침으로 온통 까맣게 변해버린 뒤였습니다.

스미스의 통증 지수에서 얼굴이 몇 위를 차지했는지 다시 말할 필요는 없겠지요?

운석과 충돌한다면?

　다음에 별을 관찰할 때는 밤하늘에서 가장 밝은 물체를 잘 살펴보세요. 달을 빼고 눈으로 볼 수 있는 가장 밝은 '별'은 아마 별이 아니라, 행성인 금성일 겁니다. 금성보다 밝은 물체가 있다면 절대 눈을 떼서는 안 됩니다. 큰일이 일어난 건지도 모르니까요. 만약 하늘에 떠 있는 물체가 달이나 해보다 밝다면, 분명히 상황이 심각한 겁니다. 바로 운석*이 당신을 향해 곧장 날아오고 있다는 뜻이니까요. 주저앉아 머리를 숙여봐야 소용없습니다. 차라리 등을 편히 기대고 앉아 운석 쇼를 감상하는 편이 낫지요.

---

* 용어를 정리해볼까요? 유성체meteoroid는 우주를 돌아다니는 단단한 물체입니다. 유성체가 지구의 대기를 뚫고 들어와 땅에 떨어지면 운석meteorite이라고 합니다. 유성meteor(별똥별)은 운석이 대기를 통과할 때 하늘에 번쩍하고 보이는 빛줄기를 말합니다.

빠른 속도로 달려오는 이 돌덩어리가 지름 1.6킬로미터짜리라고 해봅시다. 이 운석의 충돌은 대단히 파괴적이긴 해도, 행성 전체를 죽음으로 몰고 갈 정도는 아닙니다. 아마 당신의 눈에 유성은 점점 커지고 밝아지는 별처럼 보일 겁니다. 처음에는 하늘에서 가장 밝은 별인 시리우스보다 밝게 반짝입니다. 다음에는 금성보다 밝게 빛나지요. 그러다가 달보다도 밝아집니다. 그다음에는? 당신은 죽습니다. 예상치 못한 방식으로 말입니다.

운석이 충돌할 때, 당신은 예상보다 몇 초 먼저 목숨을 잃을 겁니다. 운석이 머리 위로 떨어져 무거운 돌덩이에 깔려 죽을 거라고 생각하겠지만요. 실은 바위가 땅에 떨어지기 몇십 초 전부터 당신은 이미 이 세상 사람이 아닙니다.

지구를 향해 시속 4만~26만 킬로미터로 곤두박질치는 운석은 대기를 세게 짓누르며 통과합니다. 압력을 받은 공기는 뜨겁게 달아오르지요. 당신은 느끼지 못했겠지만 자전거 바퀴에 공기를 주입할 때 바퀴 안의 공기가 아주 조금 뜨거워지는 것과 같습니다.* 운석도 마찬가지입니다. 다만 이 경우 아주 많은 양의 공기가 아주 빨리 압축된다는 차이가 있을 뿐이지요.

운석으로 인해 공기가 압축되는 바람에 운석은 태양처럼 뜨거워집니다. 약 20도이던 운석 주변의 공기가 수 초 만에 모든 것을 태울 만큼 뜨거운 1,700도까지 가열될 것입니다. 이런 열기를 받는다면 김이 나고

---

* 자전거 바퀴에 공기를 넣는 펌프와 비슷한 원리로 작동하는 파이어 피스톤Fire Piston은 순간적으로 공기를 압축하는 방식으로 모닥불을 피울 때 필요한 불씨를 만들 수 있습니다.

그을릴 수는 있어도 불이 붙을 시간은 없습니다.

운석이 만들어낸 1,700도짜리 오븐 안에 들어가면, 뜨거운 열기 때문에 당신은 팽창하는 기체가 되어 순식간에 사라질 겁니다. 그러나 만약 당신이 몇십 초만 참을 수 있다면 운석이 머리 위로 떨어지는 경험을 하게 될 겁니다. 기체로 산화하는 대신, 1덩어리의 숯일지언정 세상에 무언가를 남기고 떠나겠지요.

하지만 모두 나쁘게만 볼 필요는 없습니다. 당신이 최초로 운석에 맞아 목숨을 잃은 사람이라는 기록을 세울 테니까요. 물론 처음 운석에 맞은 사람은 따로 있습니다. 지금까지 알려진 바에 따르면 그 영광은 미국 앨라배마주의 앤 호지스Ann Hodges에게 돌아가야 합니다. 1954년, 호지스의 집 지붕으로 멜론 크기의 운석이 떨어지면서 라디오를 박살내고 호지스의 엉덩이에 부딪혔습니다. 마침 거실 소파에 앉아 있던 그녀는 엉덩이에 상당히 큰 멍이 들었습니다.

두 번째로 확인된 운석 피해자는 미셸 냅Michelle Knapp이라는 사람의 1980년식 체리색 쉐보레 말리부 자동차입니다. 1992년, 집에 있던 냅은 창고에서 큰 소동이 일어나는 소리를 듣고 급히 달려갔습니다. 알고 보니 300달러를 주고 새로 산 말리부가 우주에서 날아온 45억 년 된 12킬로그램짜리 돌덩어리에 맞아 박살이 나 있었습니다.*

상대적으로 운석의 크기가 작았던 것은 호지스와 냅뿐만 아니라 인류 모두에게 참 다행한 일이 아닐 수 없습니다. 운석이 지구 표면까지

---

*이 사건으로 재수 없게 시작한 미셸의 하루는 전화위복이 되었습니다. 부서진 말리부를 1만 달러에, 운석은 6만 9,000달러에 팔게 되었거든요.

온전히 도착하려면 적어도 주먹 정도 크기는 되어야 합니다. 그보다 작은 바위는 대기를 통과하며 다 타버리기 때문입니다. 주먹 크기의 바위는 가속도가 너무 낮아 대기를 통과할 때 속도가 시속 160킬로미터까지 느려집니다. 만약 당신이 사는 동네에 주먹 크기의 운석이 떨어진다면 그건 아주 운이 좋은 사건입니다. 운석은 30그램당 10만 원은 족히 나갈 테니까요.*

최근에 일어난 가장 큰 운석 충돌은 1908년에 러시아를 강타한 통구스카 충돌Tunguska strike입니다. 폭이 90미터에 달하는 바위가 히로시마 원자폭탄의 300배 힘으로 땅에 부딪히며 역사상 가장 큰 소리를 기록했습니다. 다행히 운석이 시베리아 북부 벌판에 떨어지는 바람에 사망자는 없었지만, 이때 발생한 충격파 때문에 8,000만 그루의 나무가 쓰러졌지요. 충돌 장소로부터 60킬로미터 떨어진 지역에서도 귀청이 떨어지도록 큰 소리가 들렸고, 한 농부가 폭발 때문에 공중으로 내동댕이쳐졌다고 합니다.

설사 운석이 충돌하는 지점에 있지 않더라도, 운석 너비가 1.6킬로미터나 되면 상황은 꽤 심각해집니다. 운석이 낮은 각도로 대기권에 진입한다면, 그 열기로 인해 운석이 지나가는 경로에 있는 모든 것이 초토화될 테니까요.

다음 문제는 충격파입니다. 너비가 1.6킬로미터나 되는 운석이라도 대기를 통과하면서 불에 타고 부서지게 됩니다. 그 부서진 조각들이 땅

---

*아주 운이 좋다면 달이나 화성에서 떨어져 나온 운석을 발견할지도 모릅니다. 캐럿당 수십 만 원은 받을 수 있지요. 그와 비교해 소행성대에서 온 운석은 훨씬 흔하고 값도 덜 나갑니다.

에 부딪힐 때 발생하는 에너지를 모두 합치면 50만 메가톤급 폭탄과 맞먹습니다. 참고로 지금까지 폭발된 가장 큰 수소폭탄이 50메가톤이었습니다.

만일 운석이 바다에 떨어지면 어떻게 될까요? 초음속으로 낙하하는 불타는 바위는 물속에 떨어져도 바다 밑바닥에 닿을 때까지 속도가 별로 줄어들지 않습니다. 운석이 물속에 빠지면 파도가 만들어지는데, 너비 1.6킬로미터짜리 운석이 물속에 떨어질 때 만드는 첫 번째 파도는 높이가 300미터 이상이며 마하 1의 속도*로 이동합니다. 그래도 이건 그나마 작은 파도입니다. 몇 분 뒤에는 빠져나왔던 물이 분화구 속으로 되돌아가면서 훨씬 더 큰 파도를 일으킵니다.**

지금까지 말한 것처럼 너비 1.6킬로미터짜리 운석은 가공할 만한 파괴력을 지니고 있지만, 이 행성의 모든 생명을 끝장낼 정도는 아닙니다. 충돌에서 발생한 먼지와 연기가 지구를 차갑게 식히고, 흉년이 들면서 세계적인 기근을 일으키겠지만 그렇다고 해도 모든 인간을 쓸어버리지는 못합니다.

이와 같은 운석의 위험성 때문에 많은 연구자가 운석 충돌을 예측하려고 애씁니다. 물론 지구를 향해 달려오는 운석을 예측한다고 해도 우리가 할 수 있는 일은 아무것도 없지만 말입니다. 운이 좋다면 잠재적인 파괴자를 1, 2년 전에 미리 확인할 수 있을지도 모릅니다. 반대로 운

---

* 초당 약 0.3킬로미터를 움직이는 속도지요. 아쉽지만 서핑을 하기에는 너무 빠릅니다.
** 얼마나 무시무시한 쓰나미가 몰아닥칠지 상상하기도 어렵습니다. 불과 2,300년 전에는 겨우 150미터짜리 운석이 대서양에 떨어졌는데, 당시 밀려 나온 바닷물이 오늘날의 뉴욕시를 휩쓸었다고 합니다.

이 나쁘면, 또는 운석이 예상치 못한 각도로 진입해 들어온다면 아무 경고도 받지 못하겠지요. 그렇다면 머리 위로 반짝이는 별 하나가 끝없이 밝아지는 것을 보고 마음의 준비를 해야 할 겁니다.

두뇌를 잃어버린다면?

만일 누군가가 당신의 머리에서 뇌를 빼낸다면, 당신은 어떻게 될까요? 당연히 죽겠지요. 의사는 뇌파를 측정해 환자가 살았는지 죽었는지를 판단합니다. 뇌파를 일으키려면 뇌가 있어야 합니다. 뇌가 없으면 몸을 못 쓰게 됩니다. 당연한 일이지요.

정작 놀라운 사실은 우리 몸이 일정량의 뇌를 잃고도 실제로 기능을 수행할 수 있다는 점입니다. 당신은 뇌가 우리 몸에서 가장 중요한 부분이라고 생각하겠지만, 잘 들어보세요. '뇌가 가장 중요하다'고 생각하는 주체도 바로 뇌입니다. 정말 편견 없는 생각이라고 확신할 수 있습니까?

닭은 뇌가 그다지 중요하지 않을 뿐 아니라 머리가 통째로 없어지더라도 살 수 있습니다. 어떻게 아느냐고요? 1945년 미국 콜로라도주의 프루이타Fruita에서 태어난 머리 잘린 닭, 마이크Mike the Headless Chicken 덕분이지요.

1945년 9월 10일, 수탉 마이크는 그날 저녁 밥상에 올라갈 차례였습니다. 마이크의 주인인 농부 로이드 올슨Lloyd Olsen은 뒤뜰에서 도끼로 마이크의 목을 내리쳤습니다. 그런데 놀랍게도 마이크는 머리가 잘렸는데도 평소와 다름없이 행동하는 게 아닙니까! 머리는 없지만 먹이를 찾아 땅을 쪼아대면서(적어도 쪼는 시늉이라도 하면서) 말이에요. 마이크는 그 후 2년 동안 전국을 순회하며 인기를 누렸습니다. 그리고 마침내 질식해서 죽었지요(스포이트로 먹이를 먹었다고 합니다). 그런데 어떻게 마이크는 목이 잘렸는데도 죽지 않았을까요?

유타주립대학교University of Utah의 의사들은 마이크의 머리가 도끼날에 의해 제거되긴 했지만, 뇌줄기(뇌간)는 온전한 상태로 남아 있었다는 결론을 내렸습니다. 뇌줄기는 심장박동이나 숨쉬기, 잠자기, 먹기 등 기본적인 신체 기능을 통제합니다. 사실 이게 닭이 하는 일 전부지요. 죽을 만큼 피를 흘리기 전에 동맥이 응고했고, 덕분에 마이크는 마음껏 하던 일을 계속할 수 있었습니다.*

닭뿐만 아니라 인간의 몸에서도 뇌줄기는 삶의 매 순간 중요한 역할을 합니다. 뇌줄기가 없으면 숨을 쉬지도, 심장박동을 조절하지도 못하니까요. 뇌줄기가 아닌 뇌의 다른 부분에 손상이 일어났을 때는 결과가 어떻게 될지 알 수 없습니다. 뇌는 탄력성이 있으므로 손상된 부분에

---

* 쥐로 실험한 결과에 따르면, 머리가 잘려나가도 혈압이 급속히 내려가기까지 약 4초 정도 의식이 있다고 합니다. 뜨거운 욕조에 앉아 있다가 갑자기 일어나면서 기절하는 경우와 비슷합니다.

서 하던 일을 다른 정상적인 부분이 넘겨받을 수 있거든요. 또한, 뇌는 좌뇌와 우뇌로 나뉘어 있어서, 한쪽 뇌에만 손상이 일어난다면 뇌가 상당히 망가진 상태에서도 버틸 수 있습니다. 피니어스 게이지Phineas Gage의 사례처럼 말입니다.

1800년대 초에는 철도 건설 현장의 안전 기준이 다소 느슨했습니다. 특히 다이너마이트를 다루는 인부들에게는 더욱 그랬지요. 게이지는 다이너마이트 작업반의 일원이었습니다. 그는 바위에 구멍을 뚫고 화약을 부은 뒤 지름 3센티미터, 길이 약 1미터짜리 쇠막대로 다져 넣는 일을 했습니다. 그리고 화약에 약간의 모래를 섞어, 그가 안전한 곳으로 피하기 전에 불이 붙지 않도록 해야 했습니다.

1848년 9월 3일, 게이지는 그만 화약에 모래를 넣는 것을 깜박하고 말았습니다. 그래서 그가 도화선에 불을 붙이자마자 화약이 폭발해버렸지요. 그 순간 쇠막대가 게이지의 왼쪽 턱을 관통해 눈 뒤를 꿰뚫은 뒤 좌뇌를 지나 정수리를 뚫고 나갔고, 수백 미터 밖에 떨어졌습니다.

그러나 게이지는 죽기는커녕 사고 당시 의식도 잃지 않았습니다. 1달 뒤, 그는 거의 완벽하게 회복했습니다. 그러나 친구들은 사고 후 게이지의 성격이 변했다고 느꼈습니다. 모두 입을 모아 그가 짜증이 늘었다고 말했습니다. 결국 게이지는 철도 건설 현장을 떠났고, 12년을 더 살면서 자신의 두개골을 관통한 쇠막대를 들고 홍보 투어를 했습니다.

게이지가 운이 좋았다는 것은 말할 필요도 없습니다. 쇠막대가 뇌를 꿰뚫고 지나갔지만 다행히 좌뇌에만 손상이 일어났으니까요. 가장 중요한 일부 기능은 반대편 뇌에도 백업되었기 때문에 문제없었습니다.

막대가 머리를 관통하는 사고를 당한다면, 앞에서 뒤로 혹은 위에서 아래로 통과하면서 우뇌나 좌뇌 중 한쪽만 망가뜨리는 편이 낫습니다. 왼쪽 귀에서 오른쪽 귀로 통과하면서 양쪽 뇌를 모두 파괴하는 것보다 말입니다.

게이지가 살아남은 또 하나의 이유는, 뇌의 상당 부분이 별다른 일을 하지 않을 뿐 아니라 반드시 필요하지도 않을 수 있다는 점입니다. 만약 시간을 두고 천천히 손상이 일어난다면 게이지의 사례보다 훨씬 많은 뇌를 잃고도 살아갈 수 있습니다. 영국 신경학자 존 로버John Lorber의 학생처럼 말입니다.

1970년대 말, 영국 셰필드대학교University of Sheffield의 교수였던 존 로버의 눈에 유난히 머리가 큰 학생이 들어왔습니다. 그 학생은 심지어 우등생이었습니다. 로버는 학생에게 CAT스캔(요새는 보통 CT스캔이라고 한다-옮긴이)을 권유했습니다. 놀랍게도 검사를 해보니 학생의 뇌에서 이상 소견을 발견했을 뿐 아니라, 사실 뇌 자체가 거의 없다는 점을 알게 되었습니다. 뇌의 95퍼센트가 뇌척수액으로 차 있었고 얇은 회백질층만이 두개골에 붙어 있었던 겁니다.

그리 놀랄 만한 일은 아닙니다. 뇌수종hydrocephalus이라는 이 증상은 뇌에 물이 새는 파이프가 달렸다고 비유할 수 있습니다. 파이프에서 새어나온 물이 두개골 속에 차오르면서, 그 압력으로 인해 뇌가 천천히 두개골 쪽으로 밀려납니다. 이 증상이 아직 뼈가 말랑말랑한 어린 나이에 시작된다면 두개골도 압력을 받아 큰 사이즈의 모자만큼 머리가 자라는 겁니다.

놀랍게도 이 학생의 IQ(지능지수)는 무려 126이었습니다. 일반적으로 IQ 100이 보통 수준이라고 말하지요. 뇌가 없는 사람의 IQ가 126이라는 사실이 이 테스트에 대한 불신을 불러올지도 모르지만, 동시에 뇌의 크기가 그다지 중요하지 않다는 방증이기도 합니다.* 보통 우리의 머리는 약 1.4킬로그램의 뇌가 채우고 있습니다. 그러나 이 학생은 그중 4분의 1만 가지고서도 문제없이 생활했던 것이지요.

한때 과학자들은 동물의 뇌가 클수록 더 똑똑하다고 믿었습니다. 그리고 인간의 뇌가 동물 중에서 가장 크다고 생각했지요. 그런데 누군가 코끼리의 두개골을 열어보고는 그 안에 무려 5.4킬로그램의 뇌가 들어 있다는 사실을 확인했습니다. 그 후 이 이론은 수정되었습니다. 혹시 지능이 절대적인 뇌의 무게가 아니라, 상대적인 뇌의 크기와 몸무게의 비율로 결정되는 건 아닐까요? 이 가설 역시 꽤 그럴싸하게 들렸습니다. 이 가설대로라면 쥐와 인간의 지능이 동급이라는 계산이 나올 때까지는 말입니다.

결국, 지능의 비밀은 뇌의 크기에 상관없이 뇌 안에 얼마나 많은 뉴런(신경 세포)이 들어 있는지와 관련이 있습니다. 뇌의 크기로 동물의 지능을 판단하는 것은 크기만으로 컴퓨터의 처리 속도를 판단하는 것과 같습니다. 기억하세요. 당신 주머니에 있는 휴대전화는 1960년대 방 하나를 차지하던 컴퓨터보다 몇 배나 더 빠르다는 사실을 말입니다.**

---

* 이 학생의 놀라운 정신 능력에 대한 다른 설명은 이 학생이 거의 다 잃어버린 뇌의 안쪽, 즉 백질이라는 부분은 바깥을 둘러싼 회백질에 비해 크게 중요하지 않다는 것입니다. 그러니까 두뇌의 일부를 처리할 생각이라면 안쪽에서 파내는 게 좋겠습니다.
** 여담으로 인간의 두뇌와 컴퓨터의 대결을 논하자면, 어떤 일에 대해서는 인간의 두뇌가 세상에

그러니까 콩알만 한 뇌를 가진 외계인의 침입을 받는다고 해도, 그들을 절대 과소평가하지 맙시다.

서 가장 빠른 슈퍼컴퓨터보다 빨리 처리합니다. 컴퓨터가 열심히 따라잡는 중이지만요.

세상에서 가장 큰 소리가 나오는 헤드폰을 낀다면?

세상에서 가장 시끄러운 소리가 나오는 헤드폰을 끼고 볼륨을 최대로 올린다면 어떻게 될까요? 데스 메탈이 머리를 뒤흔들어 뇌가 흐물흐물해지는 건 아닐까요?

다행히 그 대답은 '아니오'입니다. 만일 190데시벨의 소리가 나오는 헤드폰을 낀다면 음악을 트는 순간 바로 고막이 터져 평생 소리를 들을 수 없게 되겠지만, 당신의 뇌는 음악이 전달하는 수준 이상의 에너지를 견뎌낼 겁니다.

하지만 인체의 다른 기관들은 사정이 다릅니다. 헤드폰을 끼면 소리가 머리에 집중적으로 전달되기 때문에, 고막을 제외하고 나머지 신체 부위는 음향 에너지에 크게 영향을 받지 않습니다. 그러나 헤드폰을 벗고 스피커로 듣는다면 몸 전체가 소리에 노출됩니다. 이때 몸에서 음파에 취약한 구멍은 귓구멍만이 아니지요.

그 전에, 우리가 음악을 들을 때 어떤 일이 일어나는지 알아보는 게 좋겠습니다. 소리는 공기를 통과하면서 움직이는 압력파의 연속입니다. 우리는 귓속의 흔들리는 뼈 덕분에 그 압력파를 음악으로 해석합니다. 이 뼈들은 고막과 막, 털, 뼈, 전기적 신경 사이에 루브 골드버그 장치Rube Goldberg machine(미국 만화가 루브 골드버그가 만화 속에서 그린 기계 장치. 아주 간단한 작업을 하기 위해 아주 복잡한 장치를 사용하는 것을 말한다-옮긴이) 같은 복잡한 시스템을 형성합니다.

압력이 높은 음파일수록 귓속뼈를 더 심하게 흔들어 시끄러운 소음이 됩니다. 그래서 소리가 공기를 통과하는 압력파에 불과한데도 몸에 해를 끼칠 수 있는 겁니다.* 가장 위험한 소리는 충격파에 의해 발생합니다. 충격파는 단번에 기압이 크게 변하는 사건에 의해 생성됩니다. 폭탄이 폭발했을 때처럼 말이지요.

충격파도 소리의 일종이지만 음악이라고 부르기엔 적절하지 않습니다. 충격파는 1번 크게 울리고 마는 반면 음악은 압력이 진동하며 지속되기 때문입니다. 생성될 수 있는 진동의 폭이 0과 2기압 사이이므로 음악이 도달할 수 있는 가장 큰 소리는 194데시벨입니다. 그보다 더 시끄러운 소리는 충격파가 되지요. 그러므로 "음악을 듣다가 죽을 수도 있나요?"라는 질문은 곧 "195데시벨 미만의 소리로 죽을 수 있나요?"라고

---

* 압력파는 공기 중에서 열의 형태로 소멸합니다. 소리를 좀 지른다고 해서 몸에 해가 될 정도의 열이 발생하는 것은 아닙니다. 그러나 단열이 완벽한 상태에서 차가운 커피에 대고 계속 고함친다면, 1년 하고도 반이 지난 뒤에는 마시기 좋을 정도로 커피가 따뜻해질 겁니다.

바꿔 물을 수 있습니다. 그렇다면 여기서 질문이 생깁니다. 데시벨은 무엇일까요?

데시벨은 소리의 크기를 측정하는 단위입니다. 수학적으로 말하면 값이 대수적으로 증가합니다. 즉, 10데시벨이 증가하면 소리의 에너지는 10배 증가한다는 뜻입니다.

120데시벨은 기계톱 옆에 서 있을 때와 비슷합니다. 시끄러운 소리 때문에 고통스러워지기 시작하지요. 150데시벨에서는 제트 엔진 바로 옆에 있는 기분이 들 겁니다. 150데시벨의 소리는 속귀(내이)에서 너무 강하게 울리기 때문에 고막을 날려버립니다. 그렇게 되면 적어도 시끄럽다는 문제는 해결되겠지요. 더는 소리가 안 들릴 테니까요. 하지만 데시벨이 커지면 다른 문제가 일어납니다.

스피커에서 190데시벨의 소리를 듣는다면 당신은 매우 곤란한 상황에 빠질 겁니다.* 다행히 현실에서는 염려하지 않아도 되는 문제이지요. 지금까지 사람이 만든 가장 시끄러운 스피커는 네덜란드에 있는 대형 호른으로, 위성이 미사일 발사 소음을 견딜 수 있는지 시험하는 데 사용됩니다. 이 호른은 154데시벨의 소리를 냅니다. 고막을 터트리기엔 충분하지만, 누군가가 한동안 그 안에 머리를 집어넣고 있지 않는 한 사람을 죽이지는 못할 겁니다(물론 과학자들도 확실하게 아는 건 아닙니다. 아직 누구도 시도한 적이 없으니까요). 물론 위성 호른은 우리가 알고 있는 범위에서 가장 큰 소리를 내는 기구입니다.

---

* 이렇게 큰 소리를 내는 스피커를 만들기 위해서는 진공 상태인 공간과 2기압으로 가압된 공간 사이에 소리의 출구를 번갈아 연결하는 방법이 있습니다.

1940년대 이후로 미군은 음파 무기를 개발하기 위해 여러 방면으로 실험했지만, 결과는 좋지 못했습니다. 이론적으로 귀는 소리를 모아서 들을 수 있게끔 설계되었습니다. 다시 말해, 마음대로 귀를 닫을 수도, 방향을 돌릴 수도, 소리를 무시할 수도 없다는 뜻입니다. 하지만 소리를 마음대로 조종하는 것 역시 현실적으로 쉽지 않습니다. 소리는 물체에 부딪히면 튕겨 나오고, 건물 사이에서는 증폭되고, 또 군중 속에서는 비효율적입니다. 같은 콘서트장이라도 사람이 아주 많이 모여 있다면, 스피커 근처에 있는 사람은 고막에 문제가 생기겠지만 뒤에 멀리 떨어져 있는 사람은 아무 탈도 없을 테니까요. 음파 무기를 제작하는 데 있어 최악의 사실은, 고작 5,000원짜리 귀마개만 있으면 그 공격을 막을 수 있다는 점입니다.

데스 메탈 콘서트에 갔다고 해봅시다. 스피커는 190데시벨짜리 소리를 뿜어내고 당신은 맨 앞줄에 서 있습니다. 스피커에서 나오는 소리에 고막이 바로 찢어져 영원히 소리를 듣지 못하게 됩니다. 그래서 소리는 이제 귀로 들리기보다 몸으로 '느껴지게' 됩니다.

실제로 음파는 공기를 누르면서 통과합니다. 그러나 인체는 거의 액체로 이루어졌기 때문에 이 정도의 압력에는 꿈쩍도 하지 않습니다. 거의라고 말한 이유는 몸 전체가 액체는 아니기 때문입니다. 폐나 소화관처럼 비어 있는 부분도 있습니다. 우리가 염려해야 할 부분은 바로 그 빈 공간입니다.

다행히 장의 근육은 질기므로 2기압 이상의 압력을 받아야만 파열됩니다. 폭발로 인한 충격파 정도는 받아야 찢어진다는 뜻입니다. 그러나 안타깝게도 폐는 훨씬 약합니다.

폐의 세포 조직은 상대적으로 쉽게 망가집니다. 극한의 소리가 내는 진동은 폐 세포를 과도하게 팽창시키고, 폐에 줄지어 달린 작은 공기 주머니인 허파 꽈리를 파괴합니다. 허파 꽈리는 폐와 혈액 사이에서 기체 교환이 일어나는 핵심적인 중간 다리 역할을 합니다. 허파 꽈리가 없다면 피에 산소를 공급하지 못하므로 폐가 쓸모없어집니다.

그래서 데스 메탈을 즐기려고 맨 앞줄 스피커 근처에 자리를 잡았다면, 스피커의 음량을 190데시벨로 올리는 순간 발생한 압력파가 폐를 과도하게 부풀려 허파 꽈리를 터트릴 겁니다. 당신은 물 밖에 나온 물고기처럼 숨을 쉬려고 버둥거리다 질식하겠지요.

물론 진정한 메탈 팬이라면 금성으로 가야 합니다. 지구의 대기에서 음악이 도달할 수 있는 최대치는 194데시벨이지만, 대기의 밀도가 훨씬 높은 금성의 표면에서는 소리가 1만 배는 더 강력하게 들릴 테니까요. 솔로 기타 연주를 듣고 있자면 여기저기서 포탄이 터지는 전쟁터 한가운데 있는 것 같은 기분을 만끽하겠지요.

달로 가는 우주선에 몰래 올라탄다면?

미국 항공우주국 나사NASA는 당분간 달에 갈 생각이 없습니다. 화성까지 인간을 실어 보낼 여행을 준비 중이라서 말이지요. 대신 현재 계획은 소행성에 착륙하는 겁니다. 따라서 달에 가고 싶다면 제일 나은 선택은 중국인들과 함께 가는 겁니다. 하지만 중국어를 할 수 있다고 하더라도 경쟁이 매우 치열합니다.

대담한 추측을 해봅시다. 당신은 탑승 허가를 받지 못했습니다. 하지만 달에 가고자 하는 당신의 의지가 너무 확고하다면요? '탑승 불가'라는 통보를 받고서도 이를 받아들이지 못해 몰래 우주선에 올라탔다면 어떤 일이 일어날까요? 물론 당신에게는 1,200만 달러(약 130억 원)짜리 우주복도 없으므로 티셔츠와 반바지를 입고 갔다고 합시다. 이제부터 당신에게 일어날 일들을 설명해보겠습니다.

중국어로 숫자 5부터 거꾸로 세는 소리가 들립니다. 우주비행사들처럼 조종석 라디오를 통해 제대로 듣지는 못하겠지만, 어쨌든 밖에서 나오는 큰 스피커를 통해 초읽기를 들을 수 있을 겁니다. 마침내 주 엔진에 시동이 걸리고 우주선이 발사됩니다. 우주선은 이륙 후 8분 동안 시속 4만 킬로미터까지 가속됩니다.

당신은 4g에 해당하는 중력가속도를 견뎌야 합니다. 이 정도면 세계에서 가장 무서운 롤러코스터를 탔을 때와 비슷합니다. 다만 훨씬 오래 타고 있어야 하지요. 다행히 이 단계는 충분히 살아서 통과할 수 있습니다. 하지만 당신은 우주비행사가 착용하는 우주복도 입지 못하고, 두툼한 패드가 깔린 좌석에도 앉지 못했으니 기절할지도 모릅니다. 우주복은 우주선에 균열이 생겼을 때도 유용합니다. 당신은 여행이 순조롭게 진행되기를 기도하는 수밖에 없겠네요.

참, 우주탐사대가 추가 연료도 채워 넣었기를 바라야 합니다. 당신이 올라타는 바람에 약 90킬로그램의 무게가 추가되면서 우주선의 궤도가 틀어진다면, 경로를 새로 조정하기 위해 조종 로켓에 불을 붙여야 하기 때문입니다.

자, 이제 모든 것이 계획대로 진행되어 우주선이 대기권을 벗어났고, 당신의 존재를 발견했을 때는 돌려보내기에 너무 늦었다고 가정합시다. 무중력 상태로 달까지 가는 3일 동안 어떤 기분이 들까요?

엄청난 멀미에 시달리겠지요. 멀미는 무중력 상태에 머무를 때 가장 먼저 등장하는 버거운 증상입니다. 우주 멀미는 차멀미의 슈퍼울트라 버전이라고 보면 됩니다. 멀미는 눈과 속귀(내이)의 신호가 상반되면서 일어나는 불편한 결과입니다. 뇌는 눈과 귀의 손발이 맞지 않는 상황을 식중독으로 해석해 스스로 해독제를 처방합니다. 구토 말이지요.

멀미의 강도는 뇌와 속귀가 연결되는 정확성에 따라 결정됩니다. 이 연결에 흠이 없는 사람은 없습니다. 예를 들어, 물속에서 헤엄치며 회전을 한다면, 그동안 속귀는 어디가 위쪽인지 알지 못합니다. 연결의 정확도가 높을수록 신호가 상반되는 수준이 커지고, 그러다 보면 더 심하게 멀미를 하게 됩니다.

지금까지 우주 멀미의 일인자는 유타주의 전 상원의원인 제이크 간 Jake Garn이라고 알려져 있습니다. 1985년, 제이크 간은 상원 세출위원회 소속이라는 자신의 지위를 이용해 우주행 티켓을 얻었습니다. 간 의원의 멀미는 가히 전설적인 수준이었으므로, NASA는 우주 멀미를 측정하는 지수에 그의 이름을 붙였습니다. 간 지수는 0에서 1까지로 나타냅니다.

우주 멀미 지수 0간에서는 몸에 아무 이상도 나타나지 않습니다. 예를 들어 전형적인 차멀미는 겨우 0.1간 정도지요. 간 지수가 최고에 달하면 몸이 완전히 무기력해지면서 정상적인 활동을 할 수 없게 됩니다.

바람이 통하는 차 안에서 토하는 것은 보통 그리 큰 문제가 아닙니다. 그러나 우주에서는 위험합니다. 특히 헬멧을 쓰고 우주에서 유영 중이라면 토사물로 인해 죽을 수도 있습니다.* 이 문제를 해결하기 위해

---

* 우주복의 헬멧 속에는 어떤 액체가 들어와도 위험합니다. 2013년에 국제우주정거장 주위를 유영하던 이탈리아 우주비행사 루카 파르미타노Luca Parmitano는 헬멧 이상으로 물이 새어 들어와 헬멧 속에서 둥둥 떠다니는 바람에 익사할 뻔했습니다.

NASA는 우주비행사들을 '구토 혜성Vomit Comet'이라는 특별한 장비를 갖춘 비행기에서 훈련시킵니다. 이 비행기는 승객을 태우고 엄청난 포물선 고리를 그리며 비행합니다. 포물선이 시작하는 지점에서 비행기는 자유 낙하합니다. 그러면 약 90초 동안 비행기 안의 사람은 무중력 상태를 경험하지요.

당신은 구토 혜성에서 훈련을 거치지 않았기 때문에 순식간에 속귀가 제압되어 우주 멀미 지수 최고치에 도달하게 될 겁니다. 몸이 완전히 무력해지는 수준의 멀미 말입니다. 다행히 달에 착륙하면 달의 중력이 우주 멀미를 치료해줍니다. 다만 문제는 당신이 아직 우주복을 입지 않았다는 사실이지요.

우주와 마찬가지로, 달에는 공기가 없습니다. 그래서 우주비행사들이 달을 탐험할 때 그 비싸고 귀찮은 우주복을 입는 것이지요. 좀 더 간편하게 입고 모험을 나선다면 당신은 죽고 말 겁니다. 하지만 바로 죽지는 않습니다.

어떻게 아느냐고요? 1966년, 한 NASA 기술자가 증명했기 때문이지요. 그가 진공실에서 우주복을 시험하던 중, 연결 호스에 문제가 생겨 그의 우주복에서 압력이 빠져나갔습니다. 기술자는 방에 압력이 주입될 때까지 80초 동안 아무런 보호 장치도 없이 진공 상태에 방치되었습니다. 그는 10초 만에 의식을 잃기는 했지만, 다행히 압력이 급격하게 변하면서 귀에 통증을 유발한 것 외에 달리 다친 곳은 없었습니다.

여기서 우리가 배워야 할 점은 무엇일까요? 인간은 보호 장치 없이도 진공 상태에서 적어도 1분, 어쩌면 2분까지도 버틸 수 있지만, 10초를 넘기지 못하고 의식을 잃어버린다는 것이지요.

의식을 유지한 10초의 짧은 시간 동안 당신은 무엇을 경험할까요? 아마 달의 어느 면에 내렸는지에 따라 다를 겁니다. 햇볕이 드는 쪽일까요, 아니면 반대편의 그늘진 쪽일까요? 어느 쪽인지에 따라 큰 차이가 있습니다. 지구는 완전히 1바퀴 자전하는 데 24시간이 걸립니다. 그러나 달은 꼬박 1달이 걸리지요. 다시 말해, 달의 한쪽 면은 15일 동안 태양 광선에 달궈져 온도가 123도까지 올라가지만 반대쪽 면은 영하 152도까지 떨어집니다. 이러한 기온의 차이 때문에 처음 우주선의 문을 열고 달에 발을 내디뎠을 때 경험하는 바 역시 크게 다를 겁니다.

해가 지고 영하 152도가 되면 당연히 춥겠지만, 몸이 얼어버릴 정도는 아닙니다. 진공 상태에서의 영하 152도는 지구에서 영하 152도짜리 냉동고 안에 들어가는 것과는 다릅니다. 공기가 아예 없는 상태에서는 열전도가 매우 느리게 일어납니다. 그늘진 쪽에 착륙했다면 아마 벌거벗고 시원한 방에 들어간 정도의 느낌이 들 겁니다. 또한, 진공 상태에서는 물의 끓는점이 체온보다 낮으므로 곧바로 땀이 증발하면서 오한이 들 겁니다. 그러나 그게 당신이 느낄 수 있는 최악입니다. 좀 으슬으슬한 정도 말이지요.

반대로 햇볕이 드는 양지바른 쪽에 내렸다면 이곳은 영상 123도입니다. 다행히 여기서도 진공이라는 조건 덕분에 통구이가 될 일은 없습니다. 그러나 달의 뜨거운 표면에서 열이 발산되기 때문에 아마 한여름 데스밸리Death Valley(미국 서부의 사막 지역. 한여름 평균 기온이 섭씨 47도에 이른다 – 옮긴이)보다 조금 더 덥다고 느낄 겁니다.

더위 외에도 몇 가지 다른 점이 또 있습니다. 달 표면의 온도도 123도이기 때문에 부츠를 신지 않았다면 땅에 발을 디딜 때 조심해야 합니다. 달의 표면은 대체로 밀도가 높지 않은 고운 가루로 되어 있습니다. 사실 너무 가벼워서 뜨거운 달 표면에 발이 데는 대신, 당신의 발이 달을 차갑게 식힐 겁니다.* 그러나 바위를 밟는다면 발이 지글지글 끓어오를 겁니다(바위는 달 표면 어디에나 있고, 또 발보다 밀도가 높습니다).

또한 태양도 염두에 두어야 합니다. 정확히 말하면 태양에서 나오는 자외선 말이지요. 태양은 언제나 엑스선, 자외선, 고에너지 방사선 등을 쏘아댑니다. 지구 표면에 사는 인간에게는 참으로 감사하게도 지구의 대기층, 오존층, 자기장 등이 대부분을 처리해줍니다. 그리고 나머지는 옷과 선크림으로 해결할 수 있습니다.** 이러한 보호층 덕분에 지구에서 생명이 번성한 것이지요. 그러나 대기층의 보호 밖에 있는 사람에게는 완전히 다른 상황이 펼쳐집니다.

달에서는 대기의 보호를 받지 못하므로, SPF 50짜리 선크림을 꼼꼼히 발라도 우주선 밖으로 나오자마자 몇 초 만에 얼굴을 그을릴 정도의 방사선을 쬐게 됩니다. 불과 15초면 3도 화상을 입을 정도로 방사선을 흡수하지요.

다음으로 염두에 두어야 할 것은 호흡입니다. 달에 산소가 없다고 해서 한껏 숨을 들이마신 상태로 우주선을 나서면 완전히 팽창한 폐 속의 공기가 순식간에 진공으로 확산하면서 연약한 허파 꽈리를 갈가리

---

* 제대로만 한다면, 불타는 석탄 위를 맨발로 걷는 원리와 같습니다.
** 지구의 대기는 SPF 지수 약 200에 해당합니다.

찢어놓을 겁니다. 이 문제를 해결하는 최선의 방법은 예방입니다. 폐를 가득 채운 상태로 달의 세계에 발을 내딛는 대신, 입을 크게 벌려 폐 속의 기체가 자연스럽게 빠져나가게 하는 편이 더 낫습니다.

혈액 속에는 10~15초 정도 정신을 잃지 않고 버틸 수 있는 양의 산소가 있습니다. 그러나 그 짧은 시간이 지나면 기절합니다. 1960년대에 진공 상태에서 개로 실험한 결과를 참고하면, 당신은 2분 만에 뇌사할 겁니다.*

심장박동이 멈추면 일은 더욱 끔찍해집니다. 앞에서, 진공 상태에서는 물이 체온보다 낮은 온도에서 끓는다고 말했습니다. 그래서 당신이 흘리는 모든 땀은 바로 증발할 겁니다. 눈물과 침 역시 마찬가지입니다. 또한 눈물과 침이 기화할 때 눈과 입이 매우 쓰라릴 겁니다. 정말 그럴 거예요!

하지만 땀이나 눈물, 침 모두 엄밀히 말하면 사람의 몸 '밖'에 있는 물입니다. 몸 안에 있는 액체, 다시 말해 혈액은 수십 초가 지나면 끓기 시작할 겁니다. 그러면 당신은 곧 의식을 잃고 죽겠지요. 당신이 죽고 나면 이제 우주 차원의 사건이 시작됩니다. 피가 끓어 기화할 때 부피가 커지면서 피부가 팽팽하게 늘어나고, 몸이 부풀어 올라 당신을 인간 풍선으로 만들 겁니다. 마침내 모든 기체가 빠져나가고 몸이 다시 쪼그라

---

* 정말 끔찍한 사실이지요. 하지만 구조의 기회도 있습니다. 개로 실험을 했을 때, 개들이 90초 동안 진공 상태에 노출되었더라도 거의 늘 살아났습니다. 비록 그동안 의식을 잃고 마비 상태였고, 장에서 빠져나오는 가스 때문에 배변과 구토, 배뇨 현상이 나타났지만 말입니다. 또한, 혀에 얼음이 끼었고 몸이 부풀어 올랐습니다. 별로 유쾌한 이야기는 아니지요. 그러나 압력이 주입된 후에는 부풀어 올랐던 몸이 원래 상태로 복귀했습니다. 몇 분 후에 개들은 완전히 정상으로 돌아왔지요.

들면 피부가 쭈글쭈글해지겠지요.

달에는 벌레나 박테리아가 전혀 살지 않습니다. 당신의 몸속에 살고 있던 생명체가 전부입니다. 그나마도 진공 상태와 갑작스러운 기온 변화에 모두 죽을 겁니다. 그렇다면 당신의 몸은 썩지도 분해되지도 않겠지요.

만일 동료 우주비행사가 당신을 다시 지구로 데려갈 생각이 없다면, 당신은 바싹 건조되어 아주 잘 보존된 채, 주름이 자글자글한 달의 인간으로 수천 년 동안 우주에 머물게 될 겁니다.

프랑켄슈타인 박사의
전기 충격 장치에 몸이 묶인다면?

소설 《프랑켄슈타인Frankenstein》의 초판본을 자세히 읽어봐도, 프랑켄슈타인 박사가 정확히 얼마짜리 전압과 전류를 사용해 괴물을 만들었는지는 나오지 않습니다. '매우 센' 전기를 사용했겠지요. 당신이 괴물이 되고 싶어서 프랑켄슈타인 박사의 실험실로 걸어 들어가, 스스로 기계에 누워 몸을 끈으로 묶었다고 해봅시다. 실험 전에 이미 죽어 있던 프랑켄슈타인의 괴물과는 달리, 당신은 살아 있는 상태에서 전기 충격을 받을 겁니다. 따라서 그 결과는 괴물에게 나타났던 것과는 매우 다르겠지요(그리고 현실적으로 다른 방법들보다 훨씬 효과적으로 목숨을 잃게 될 겁니다).

프랑켄슈타인 박사는 우선 전기가 몸 전체를 지나도록 당신의 머리와 발목에 전극을 묶을 겁니다. 그리고 스위치를 켭니다. 그러면 순식간에 몇 가지 일이 발생합니다. 하지만 자세한 사항으로 들어가기 전에, 먼저 지금 당신의 몸에 흐르고 있는 전류에 관해 이야기해봅시다.

이 문장을 읽는 중에도 당신의 심장은 전기 충격을 받고 있습니다. 반드시 그래야 하지요. 만약 전기 충격이 일어나지 않는다면 의사는 당신에게 사망 선고를 내릴 테니까요. 모든 것이 정상일 때, 당신의 심장은 오늘 하루에만 8만 5,000번의 전기 충격을 받았을 겁니다. 어제도 그랬고, 당신에게 내일이 있다면 내일도 마찬가지입니다.

심장에 전기를 보내는 시간과 양은 매우 중요합니다. 까딱하면 잘못되기 십상이거든요. 심장이 수축을 일으키려면 고작 10분의 1볼트의 전기면 충분합니다. 적절한 시기를 놓친 전기 충격은 심장박동을 엉망으로 만들고 당신을 죽음에 이르게 할 겁니다. 일어나서는 안 되는 일이지요.

다행인 것은 당신의 피부가 훌륭한 절연체로 작용한다는 점입니다. 프랑켄슈타인 박사의 실험대 위로 올라가고 싶어 안달이 난 당신이 옷을 입고 있고 또 몸에 물기가 없다면, 아마 100볼트 이하의 전기 충격으로는 심장까지 전기가 도달하지 못할 겁니다.*

당신의 몸속까지 전류가 확실히 흐르게 하려면 프랑켄슈타인 박사는 적어도 600볼트 이상의 전기를 사용해야 합니다. 이 정도라면 '절연체를 파괴'하기에 충분합니다. 더 일상적인 표현으로 말하자면, 피부에

---

* 사람을 죽일 수 있는 치명적인 전기의 양이 정확히 얼마인지는 말하기 어렵습니다. 전기가 흐르는 방식을 예측하기가 힘들기 때문입니다. 겨우 24볼트의 낮은 전압으로도 사람이 죽은 사례가 있지만, 이 경우에는 많은 양의 물이 관련되어 있었습니다.

구멍을 낼 정도이지요.

신경이 근육을 점화할 때 사용하는 전압과 비슷한 수준의 전기 충격을 준다면 그 순간 당신의 몸은 펄쩍 튀어 오를 겁니다.* 이런 현상이야말로 《프랑켄슈타인》이라는 책이 쓰이게 된 시작점입니다. 이 책의 작가 메리 셸리Mary Shelley는 실험 중 시체가 튀어 오르는 것을 보고 아이디어를 얻었다고 합니다. "시체가 살아 있다니!"

약한 전기 자극은 나쁘다고 볼 수 없습니다. 지속해서 근육이 수축하도록 전기 충격을 주는 과정을 우리는 운동이라고 부르니까요. 힘들게 애쓰지 않아도 복근을 만들 수 있다면 얼마나 좋을까요?

하지만 강한 전기 충격을 받으면 원하지 않는 운동을 하게 될 뿐만 아니라, 다른 문제도 생깁니다. 전류는 피부를 따라 흐르되 저항이 큰 곳은 피해 가는 성질이 있습니다. 그래서 코나 눈, 입처럼 저항이 낮은 경로를 따라 뇌까지 이동하지요. 전류가 흐르는 곳에는 언제나 열이 발생하는데, 살짝 그을릴 정도의 약한 열이 피부에 가해지는 것은 큰 문제가 되지 않습니다. 그러나 뇌는 훨씬 민감하지요.

일단 전류가 두개골 안까지 접근하면 열을 발산해 뇌의 단백질을 익혀버립니다. 전류는 우선 뇌의 겉 부분을 눋게 한 뒤 발목까지 내려갑니다. 그 길에 뇌줄기를 지나가지요. 뇌줄기는 숨쉬기처럼 생명을 유지

---

* 전기가 통하는 철조망을 함부로 붙잡는 것이 위험한 이유 중의 하나는 전기가 통하면서 팔의 근육을 자극하기 때문입니다. 철조망을 쥐는 근육이 놓는 근육보다 더 세므로, 일단 철조망을 붙잡으면 손을 놓을 수가 없습니다. 다리도 마찬가지입니다. 전기 자체가 사람을 날려버리는 게 아닙니다. 전류가 다리 근육을 자극하면 다리를 뻗는 근육이 수축하는 근육보다 강하므로 몸이 펄쩍 뛰는 것처럼 보이게 됩니다.

하는 데 중요한 기능이 조절되는 곳입니다. 전기가 뇌줄기를 튀겨버리면, 당신이 아무리 기억하려고 애써도 숨 쉬는 방법을 떠올릴 수 없을 겁니다.

남아 있는 산소로 뇌는 몇 초간 기능을 지속하겠지만, 15초 안에 의식을 잃고 4~8분이면 완벽하게 뇌가 죽습니다. 셸리의 책 속이라면 뇌사는 아무 문제가 안 됩니다. 프랑켄슈타인 박사가 스위치를 올리면 당신은 곧바로 벌떡 일어나 걸어 다닐 테니까요. 그러나 현실에서 뇌사는 최후를 의미합니다. 심장이라면 약간의 전기 충격으로 다시 뛰게 할 수 있지만, 뇌를 점프 스타트jump start(배터리가 방전된 자동차에 전기 충격을 가해 시동을 거는 방법 - 옮긴이)하려는 것은 컴퓨터를 점프 스타트하려는 것과 똑같으니까요.

뇌의 단백질이 이미 변성되었다는 사실은 말할 것도 없지요. 그래서 프랑켄슈타인 박사가 당신을 다시 살려야겠다고 마음먹어도, 우선 뇌를 새로 가져오는 수밖에 없을 겁니다.

엘리베이터 케이블이 끊어진다면?

150년 역사를 거치며, 현대 엘리베이터는 전 세계에서 8,000억 번 이상 운행되었습니다. 그런데 엘리베이터 탑승객 1조 3,000억 명 중 대다수가 한 번쯤은 케이블이 끊어지는 사고로 끔찍한 죽음을 맞이할지 모른다는 걱정을 한 적이 있을 겁니다.

사람들의 걱정에는 다 이유가 있습니다. 실제로 케이블이 끊어진 사고가 있었기 때문이지요. 딱 1번이지만요.

1945년, 미국 공군기 B-25를 몰던 조종사가 안개 속에서 길을 잃어, 엠파이어스테이트 빌딩 75층에 충돌한 사고가 있었습니다. 인양 케이블과 안전 케이블이 끊어지면서 엘리베이터 2대가 통로 아래로 곤두박질쳤습니다. 당시는 엘리베이터가 자동화되기 전이라 엘리베이터 안에 조작원이 함께 타고 승객을 목적지까지 안내해주곤 했습니다.

두 엘리베이터 조작원 중 1명은 인생에서 가장 기막힌 시점에 담배를 피우러 엘리베이터 밖에 나와 있었습니다. 그러나 베티 로 올리버 Betty Lou Oliver 부인은 75층에서 엘리베이터 통로 아래로 추락했지요.

엘리베이터는 엔진이 달린 운송 수단 중에서도 가장 안전합니다. 물론 전혀 위험하지 않다고 말할 수는 없습니다. 미국에서 평균 매해 27명이 엘리베이터 사고로 사망합니다. 그러나 대부분 조작 실수 때문에 일어난 사고지요. 이런 사고는 당신에게도 일어날 수 있습니다.* 엘리베이터와 비교하면 에스컬레이터는 13배나 더 위험합니다.

이처럼 엘리베이터가 안전한 이유는 1853년 엘리샤 그레이브스 오티스 Elisha Graves Otis가 발명한 안전 제동 장치 때문입니다. 이 제동 장치는 엘리베이터 박스 자체에 달려 있어서, 설사 케이블이 손상된다고 해도 엘리베이터를 멈출 수 있습니다.

오티스가 제동 장치를 발명하기 전에는 엘리베이터가 별로 인기가 없는 기구였습니다. 아무리 굵은 케이블이라도 사람들은 줄 하나에 목숨을 맡겨야 하는 상자 안에 몸을 싣고 싶어 하지 않았으니까요. 그러나 오티스가 제동 장치를 개발하면서 모든 것이 달라졌습니다.

엘리베이터는 현대 기술로 발명된 유용하고 편리한 기구에 불과해 보이지만, 실은 도시 생활에 필수적인 장치입니다. 엘리베이터가 발명되기 전에 건물은 6층 이상을 넘지 못했습니다. 누구도 무거운 장바구

---

* 안전사고를 예방하기 위한 몇 가지 팁입니다. 엘리베이터 문이 닫힐 때 억지로 몸을 끼워 넣지 마십시오. 엘리베이터가 갑자기 정지했을 때 억지로 문을 열고 밖으로 나오지 마십시오. 엘리베이터 꼭대기에 올라타지 마십시오.

니를 짊어지고 계단 높이 올라가고 싶어 하지 않았으니까요. 그리고 엘리베이터 시대가 도래하기 전에는 펜트하우스(가장 비싼 방)가 건물의 꼭대기가 아닌 1층에 있었습니다. 사람들은 아파트 계단을 덜 오르는 대가로 돈을 지불했습니다.

엘리베이터 덕분에 건축가들은 건물을 높이 올릴 수 있게 되었고, 같은 도시 공간 안에 더 많은 사람이 조밀하게 살 수 있게 되었습니다. 엘리베이터가 없었다면 인구는 도시를 중심으로 끝없이 교외로 확장되었을 겁니다.

오티스 씨 덕분에 모든 도시가 로스앤젤레스처럼 보이지는 않게 되었지요. 그러나 설사 불가능한 일이 일어나 오티스의 발명품에 문제가 생기고 당신이 탄 엘리베이터가 올리버 부인의 것처럼 고층빌딩 꼭대기에서 추락한다고 해도 반드시 죽지는 않습니다. 약간의 운이 있다면, 그리고 몇몇 기이한 물리 법칙 덕분에 당신 역시 올리버 부인처럼 살아남을 가능성이 있습니다.

최근 기준으로 1대의 엘리베이터가 올라갈 수 있는 가장 긴 높이는 약 520미터입니다. 인양 케이블이 감당할 수 없게 무거워지므로 더 높이 올라갈 수는 없습니다. 엘리베이터의 이러한 한계를 극복하기 위해, 1973년 세계무역센터에서 엘리베이터 환승 층을 처음 만들었습니다.

170층에서 자유 낙하하는 엘리베이터는 바닥에 충돌하는 순간 시속이 약 300킬로미터에 달합니다. 치명적인 속도라 하지 않을 수 없지요. 그러나 운이 좋아 엘리베이터가 통로 안에 빠듯하게 들어맞는 경우라면, 엘리베이터가 추락할 때 아래쪽의 공기가 빨리 빠져나가지 못해 마치 자동차의 에어백처럼 부드러운 압력을 형성하며 낙하 속도를 줄일 겁니다.

이런 현상이 도움은 되겠지만, 살아남으려면 더 많은 조건이 필요합니다. 정지 속도를 서서히 늦추는 것도 몸이 감당할 중력가속도의 충격을 완화하는 핵심적인 조건입니다. 중력가속도란 몸에 미치는 가속력과 감속력을 표현한 방식입니다. 측정 단위는 지구의 중력이지요.

일상에서 당신은 1g를 경험합니다. 세계에서 가장 무서운 롤러코스터가 최고 약 5g까지 도달하는데, 그 말은 순간 몸무게가 5배 더 무거워진다는 뜻입니다. 훈련받은 전투기 조종사는 9g를 견디며 비행할 수 있습니다.

인간은 불과 수 초 만에 50g까지 증가하는 중력을 견딜 수 있는 것으로 보입니다. 어떻게 아느냐고요? 1954년 미국 공군은 전투기 조종사의 긴급 탈출 좌석을 개발하는 과정에서, 조종사의 목숨을 위협하지 않는 선에서 얼마나 빠른 속도로 조종사를 전투기에서 탈출시킬 수 있는지 확인해야 했습니다. 특히 인체가 얼마나 높은 중력가속도를 견딜 수 있는지 알아야 했지요. 그래서 세계에서 가장 무서운 놀이기구를 만들고 지원자를 받았습니다.

실험에 참가한 인물은 공군 장교 존 스탭John Stapp이었습니다. 그는 이미 예전에 산소 시스템을 시험하다 질식하는 바람에 죽다 살아난 적이 있으며, 또한 덮개 없이 시속 920킬로미터로 비행하다 피부가 죄다 벗겨질 뻔한 경험이 있는 사람이었습니다.

공군은 특별히 고안된 로켓 썰매에 스탭을 묶고, 마하 0.9까지 가속했습니다. 그리고 불과 1.4초 만에 썰매를 급정지시켰을 때 어떤 일이 일어나는지 보았습니다. 이 과정에서 썰매에 가해진 감속도는 46.2g에 해당합니다.

이 안타까운 순간, 스탭의 몸무게는 무려 2,100킬로그램이나 나갔습니다. 눈의 실핏줄이 터지고 갈비뼈가 바스러졌으며 발목이 모두 부러졌습니다. 그래도 살아남았지요. 존 스탭 덕분에 인간은 (확실히 묶여 있을 경우) 40g 이상의 감속도를 견딜 수 있다는 것이 증명되었습니다.

존 스탭이 살아남은 이유 중 하나는 그의 자세입니다. 이제 다시 자유낙하하는 엘리베이터로 돌아가봅시다. 추락하는 엘리베이터 안에서의 생존 가능성은 균형 있는 자세를 취할 때 가장 높아집니다. 떨어지는 엘리베이터 안에서 절대 점프하지 마세요. 별로 도움이 되지 않습니다. 설사 땅에 충돌하기 직전에 마법처럼 점프에 성공했다고 하더라도, 충돌 속도를 불과 2, 3킬로미터 줄여줄 뿐입니다. 그리고 충돌하는 순간 장기를 밧줄처럼 묶고 있던 동맥이 끊어져, 온몸의 장기가 모조리 아래쪽으로 쏠리게 됩니다.

천정의 조명에 매달려도 안 됩니다. 혹시 그럴 생각을 하고 있었다면 말입니다. 충돌하는 순간 튕겨 나가, 꼭대기에서 뛰어내린 것처럼 세게 내동댕이쳐질 겁니다. 또한 옆 사람의 어깨 위로 기어오르는 행동 역시 도움이 되지 않습니다. 꽤 솔깃하긴 하지만요. 그 자체로도 위태로울 뿐 아니라, 어차피 충격을 받으면 기울어져 넘어질 테니까요.

그렇다면 최선의 자세는 무엇일까요? 등을 대고 눕는 겁니다. 이론상 이것이 엘리베이터가 땅에 떨어져 정지하는 순간 장기가 한곳으로 쏠리지 않게 하는 가장 좋은 방법입니다.

흥미롭게도 올리버 부인이 산산조각난 엘리베이터 안에서 발견되었을 때, 그녀는 방금 우리가 말한 것처럼 평평한 자세로 누워 있지 않았습니다. 구석에 앉아 있었지요. 완벽하다고 할 수 없는 자세였지만, 놀랍게도 그녀는 갈비뼈와 척추가 부러졌을 뿐 목숨은 건졌습니다. 만일 부인이 바닥에 누워 있었다면 충돌하는 순간 통로 바닥에 널린 파편에 찔리거나 엘리베이터 바닥을 뚫고 나갔을지도 모릅니다.

아무튼, 괜한 소리에 겁먹지 마십시오. 만일 정말로 엘리베이터가 추락한다면, 어차피 생존 확률은 매우 희박합니다. 그러나 다행히 그런 일이 일어날 확률이 생존 확률보다 훨씬 작습니다. 10억분의 1에도 미치지 못하니까요.*

---

* 비교하자면, 건물의 2층까지 올라갈 때 계단으로 걸어가는 것과 에스컬레이터를 타는 것 모두 엘리베이터보다 10배 위험합니다. 그리고 건물 외벽을 기어 올라가는 것은 1,000배나 위험합니다!

나무통을 타고
나이아가라 폭포에서 떨어진다면?

1901년, 63세의 은퇴한 여교사 애니 에드슨 테일러Annie Edson Taylor
의 수중에는 돈이 한 푼도 없었습니다. 구빈원에서 보내게 될 자신의 미
래를 떠올린 테일러는 나무통을 타고 나이아가라 폭포를 건너는 첫 번
째 사람이 되기로 합니다. 성공했을 때 자신에게 찾아올 유명세와 부를
상상하면서 말이지요.*

테일러는 자신이 들어갈 통을 직접 제작했습니다. 자전거 펌프를
이용해 통에 압력을 넣고, 시험 삼아 자신의 고양이를 태워 폭포에서 떨
어뜨렸습니다. 고양이와 통 모두 무사한 것을 보고, 테일러는 자신의 생
일날 이 나무통을 타고 강 한가운데까지 간 후 폭포에서 떨어졌습니다.

---

*결국 뜻한 바를 이루지는 못했습니다.

몇 분 뒤, 폭포 아래에서 통이 회수되었습니다. 비교적 다친 데 없이 무사히 살아나온 테일러도 함께 말이지요. 하지만 그녀는 다음과 같이 말했습니다. "또다시 폭포에서 떨어지느니 차라리 대포의 포구 앞으로 걸어가 포탄을 맞고 산산조각 나는 편을 택하겠습니다."

테일러의 진심 어린 충고에도 불구하고, 그녀의 성공은 많은 이들에게 영감을 주었습니다. 테일러를 따라 폭포를 건너려는 시도가 이어졌습니다. 이들 중 대다수는 테일러만큼 운이 좋지 못했습니다. 나무통이 제일 인기 있는 수단이었지만 그 외에도 카약, 제트 스키, 심지어 고무로 만든 거대한 공까지 동원되었습니다.

만약 당신이 테일러처럼 폭포를 건너는 수단으로 나무통을 선택했다고 가정합시다. 그리고 당신을 강 한가운데 떨어뜨려 주고, 폭포 아래의 거친 물살에서 당신을 건져내 줄 수 있는 친구가 있다고 합시다. 당신이 55미터를 추락해 폭포 아래에 도달할 때의 속도는 시속 110킬로미터가 넘습니다. 그렇다면 당신의 생존 여부는 추락한 통이 어디에 부딪히는지에 달려 있겠네요.

당신을 태운 나무통이 바위에 부딪히면 크게 곤란해지겠지요. 미국 항공우주국 NASA에서 인체의 내구성을 시험한 바에 따르면, 사람이 약 7미터 높이에서 시속 40킬로미터의 속도로 단단한 바닥에 떨어지더라도 발부터 떨어지면 대개 목숨에는 지장이 없다고 합니다. 물론 다치지 않는다는 뜻은 아닙니다. 크게 다치겠지요.

7~12미터 높이에서 떨어진다면 생존이 불확실합니다. 12미터 이상 높이에서 떨어져 시속 55킬로미터로 바위에 부딪히면 거의 확실히

사망합니다. 그러니까 당신과 당신을 태운 통이 55미터 높이의 폭포에서 떨어져 시속 110킬로미터로 바위에 부딪힌다면, 당신은 목숨을 잃을 게 분명합니다.

그렇다면 물속으로 떨어지는 게 바위에 떨어지는 것보다 훨씬 바람직하므로, 나이아가라 폭포의 말발굽 한가운데가 가장 생존 확률이 높은 지점이 될 겁니다. 여기서는 곧장 물속으로 떨어질 테니까요.

그렇다고 안전하다는 뜻은 아닙니다. 특히 고여 있는 물이라면 말이지요. 미국 공군이 연구한 바에 따르면 가만히 고여 있는 물에 시속 110킬로미터로 떨어졌을 때 생존 확률은 25퍼센트에 불과합니다. 그것도 발이 먼저 들어가고 무릎은 약간 구부린 채 몸은 살짝 뒤로 기울인, 완벽한 자세로 입수하는 경우에 해당합니다. 다른 자세로 떨어지면 거의 확실히 사망합니다.*

왜냐하면 물에 부딪히는 순간 단번에 속도가 줄어들면서 흉곽의 연약한 갈비뼈가 강한 중력가속도에 의해 부러지고, 그 뾰족한 끝이 내부 장기를 찔러 파열하기 때문입니다. 그리고 머리가 척추에 박히면서 두개골이 산산이 부서질 겁니다. 다른 장기들도 발 쪽으로 운동 방향이 쏠리면서 마찬가지 결과를 맞습니다.**

---

* 같은 연구에 따르면, 약 73미터 높이의 폭포에서 떨어져 시속 130킬로미터로 입수하면 자세에 상관없이 치명상을 입습니다. 샌프란시스코 금문교Golden Gate Bridge의 높이가 약 75미터인데 이곳에서 물에 뛰어드는 사람의 95퍼센트가 입수 시 충격으로 사망했습니다.
** 질문: 물속에 떨어지면서 총을 발사해 수면의 표면장력을 깨뜨리면 살아 나오는 데 도움이 될까요? 대답: 안타깝지만, 아닙니다. 여기서 표면장력은 생존과는 아무 상관이 없습니다. 관련 있는 것은 물의 밀도와 물속에서 당신이 정지하는 속도입니다. 살아남으려면 밀도를 줄여야 하는데, 그러려면 아주 많은 공기 방울이 필요하지요. 총알 하나로는 턱없이 부족합니다. 죽지 않으려면 물속에 높이 약 90센티미터, 너비는 어깨너비 이상의 공기 방울 기둥이 필요합니다. 결국,

그러나 다행히 나이아가라 폭포 아래의 물은 멈춰 있지 않습니다. 소용돌이치며 마구 뒤섞여 물거품이 생기고, 공기도 통하지요. 빠른 속도로 입수할 때는 이런 조건이 유리합니다. 공기 방울은 물보다 밀도가 낮으므로 물에 떨어졌을 때 공기가 가득한 물속 깊이 가라앉으며 몸이 경험하는 충격의 수치를 낮춰줍니다. 나이아가라 폭포 아래, 공기가 잔뜩 든 물이야말로 그토록 많은 스턴트맨이 폭포로 떨어지고도 멀쩡하게 나올 수 있었던 요인입니다.

하지만 반대로 공기가 통하고 크게 요동치는 물속은 매우 나쁜 조건이기도 합니다. 밀도가 낮다는 것은 물 위로 떠오르기 힘들다는 뜻이기도 하니까요. 아무리 어설프게 만든 통이라도 밀폐된 통에 들어간 사람이 수영복만 입고 맨몸으로 폭포에서 떨어지는 사람보다 더 생존 확률이 높은 진짜 이유가 바로 이겁니다. 나무통은 사람보다 물에 더 잘 뜨거든요.

통에 들어가 폭포 아래로 떨어진 직후에도 아직 살아 있다면, 다음에 직면할 문제는 폭포 아래에서 요동치는 물살의 움직임입니다. 쏟아지는 폭포수 뒤에서 몇 시간이나 갇혀 있어야 할지도 모르니까요.

또 다른 나이아가라 도전자였던 조지 L. 스타타키스George L. Stathakis는 1930년에 폭포에서 떨어졌는데, 폭포의 장막 뒤에서 무려 14시간이나 통 속에 갇혀 있었습니다. 통은 온전한 상태로 유지되었지만 그렇게 장시간 버틸 만큼 공기가 남아 있지 않았습니다. 폭포 밑에서 돌고 돌다

생존 확률을 높이고 싶다면 아마 수류탄이나 기관총이 적합할 겁니다.

가 마침내 그는 질식사하고 말았지요.

나이아가라 폭포 아래에서 순환하는 물살은 매우 위험합니다. 공기를 잔뜩 품고 있는 물은 도전자가 입수하는 순간의 충격에서 구해줍니다(비록 여기저기 부러지긴 하겠지만요). 그러나 소용돌이치는 이 물살로부터 어떻게 빠져나오는가 하는 것은 전적으로 운에 달렸습니다. 운이 좋아 물살이 통을 금방 뱉어낸다면 앞으로 홍보 투어를 하며 번 돈으로 벌금도 치르고 넉넉히 살 수 있을 겁니다. 그러나 스타타키스처럼 재수가 없다면, 폭포 아래로 끌려간 후 떨어지는 폭포의 커튼 뒤에 갇혀 산 채로 물속에 매장될 겁니다.

영원히 잠들 수 없게 된다면?

태어난 지 1만 일째 되는 날. 당신은 이 행성에서 27년하고도 4개월 25일을 살았습니다. 또는 24만 시간 동안 살았다고도 할 수 있습니다. 그중 1만 1,000시간 동안 밥을 먹었고, 욕실에서 꼬박 1년을 보냈으며, 또 다른 1년은 눈을 깜박거리는 데 사용했습니다. 그러나 이 모든 행위는 당신이 가장 좋아하는 시간 앞에서 명함도 내밀지 못합니다. 그러니까 의식 없이 보내는 시간 말입니다. 1만 일을 사는 동안 당신은 무려 9년을 잠자는 데 보냈습니다.

만약 그 시간을 모두 돌려받을 수 있다면 그렇게 하겠습니까? 즉, 영원히 깨어 있을 수 있게 해주는 '궁극의 에너지 음료'가 있다면 마시겠습니까?

대답하기 전에 신중히 생각하세요. 먹지 않고 사는 것과 잠자지 않고 사는 것 중에 선택해야 한다면, 당연히 햄 샌드위치를 포기해야 합니다. 잠을 자지 못하면 목숨이 금세 위태로워지니까요. 그리고 끼니를 거르는 배고픔보다 훨씬 괴로운 순간이 찾아올 겁니다.

더 재미있는 질문은 '도대체 왜?'입니다. 전문가들도 잠을 못 자는 게 위험한 이유를 정확히 알지 못하거든요. 그러나 잠들어 있는 동안 우리 몸에서 무슨 일이 일어나든, 그것이 무척 중요한 일이라는 것만은 틀림없습니다. 사람이 잠에 엄청난 시간을 할애하기 때문이기도 하지만, 진화적으로도 잠을 자는 행동을 설명하기 힘들기 때문입니다.

인간은 역사의 상당 시간 동안 대형 포식자와 세계를 공유하며 살았습니다. 인간은 먹이사슬 중에서도 중간 단계 이상을 차지했습니다. 주위를 맴돌며 당신을 호시탐탐 노리는 검치호랑이 앞에서 완전히 의식을 잃은 채로 몇 시간씩 누워 있는 건 굉장히 위험한 행동입니다. 오로지 적자만이 살아남는 환경에서, 인생의 3분의 1을 앉아서 지내는 오리 같은 동물이 적자가 되는 건 상상하기 어렵지요.

우리가 자는 동안, 무엇인지는 모르지만 분명히 중요한 일이 일어나고 있습니다. 잠은 동물계 전체를 통틀어 보편적으로 필요하며, 우리는 어떤 위험을 무릅쓰고라도 잠자는 데 시간을 할애해야 합니다. 쥐는 고양이가 득시글거리는 환경에서도 꾸벅꾸벅 좁니다. 식물 역시 매일 잠에 해당하는 24시간 주기의 리듬을 지킵니다.

명백히 잠이란 진화의 시간 아주 오래전부터 시작된 적응의 일부입니다. 인간의 아주 먼 친척, 이를테면 옛날 옛적 해조류조차 자신의 청록색 머리를 깨끗이 비우고 동료보다 일을 더 잘 수행할 수 있도록 잠을 청했을지도 모릅니다. 나머지는 진화의 역사이지요.

우리는 그 해조류의 이름은 모르지만 적어도 랜디 가드너[Randy Gardner]라는 사람은 알고 있습니다. 가드너는 사람들에게 잠이 가지는 소중한 가치에 대한 큰 깨달음을 주었습니다.

1964년 미국 캘리포니아 샌디에이고의 16살짜리 고등학생이었던 가드너는 역사상 의학적으로 가장 오랫동안 관찰된 불면의 위업을 달성했습니다. 이제 기네스는 더 이상 가드너의 기록을 깰 사람을 찾지 않습니다. 생명에 위협이 되는 도전이기 때문이지요. 1964년, 공식적인 감시하에 이 고등학교 2학년 학생은 무려 264.4시간 동안 깨어 있었습니다. 자그마치 11일이 넘습니다.

이 도전은 고등학교 과학 프로젝트의 일부였습니다. 그러나 순탄하게 진행되지 않았지요. 깨어 있은 지 3일째 되는 날, 가드너는 거리의 간판을 행인으로 착각했고, 4일째 되는 날에는 자신이 프로 풋볼 선수라고 확신했습니다. 가드너의 담당 의사는 가드너가 자신의 실력을 의심하는 말에 대단히 화를 냈다고 했습니다.

6일째 되는 날, 가드너는 근육을 마음대로 제어할 수 없었고 단기기억상실을 겪기 시작했습니다. 100에서부터 거꾸로 7씩 빼 나가라는 문제를 주었을 때, 그는 반쯤 지나 자신이 무엇을 하고 있는지조차 잊어버렸습니다. 그러나 마지막 날에 그는 핀볼 시합에서 관중 1명을 이길 수 있었습니다. 물론 상대의 실력에 의문을 가진 사람도 있었지만요. 이모든 이상 증상에도 불구하고, 가드너는 14시간 동안 숙면을 취한 후 완벽하게 회복했습니다.

가드너의 도전은 신체적인 한계를 넘지는 않았습니다. 그러나 쥐를 가지고 실험한 결과를 보면 우리가 끝까지 잠을 자지 않았을 때 몸에 어떤 일이 일어날지 예상할 수 있습니다.

연구자들은 한 무리의 실험용 쥐에게 끊임없이 쳇바퀴를 돌게 하면서 뇌파를 관찰해 잠이 들려고 할 때마다 억지로 깨웠습니다. 그러니까 그들은 전혀 잠을 잘 수 없었지요.

각성 상태로 2주가 지나자 쥐들은 모두 죽었습니다. 연구자들은 같은 실험을 반복했습니다. 단, 부족한 잠을 대체하기 위해 다른 조건을 충족시켜주었지요. 실험이 진행되는 동안 쥐의 체온이 떨어지자 연구자들은 온도를 높여주었습니다. 그러나 도움이 되지 않았습니다. 다음으로 연구자들은 쥐의 면역계가 약해지는 것을 확인하고 항생제를 먹였지요. 하지만 역시 효과가 없었습니다. 쥐들의 몸무게가 줄어드는 것을 보고 더 많은 먹이를 주었지만, 여전히 잠을 자지 못한 쥐들은 죽어나갔습니다.

연구자들이 쥐를 살릴 수 있는 유일한 방법은 아주 간단했습니다. 자도록 내버려두는 겁니다. 자고 나면 쥐들은 거의 늘 완벽하게 회복했습니다. 알 수 없는 어떤 방식으로, 불면은 쥐의 몸에 독이 퍼지게 한 거지요. 그에 대한 유일한 해독제는 잠이었습니다.

우리는 뇌파를 측정해 불면이 인체에 미치는 영향을 확인할 수 있습니다. 몸이 피곤할 때는 기억과 이성을 통제하는 두뇌의 앞이마엽(전전두엽) 겉질(피질) 부분이 과도하게 일을 합니다. 몸이 가뿐할 때는 쉽게 할 수 있는 일이라도, 피곤할 때는 두뇌가 더 열심히 돌아가야만 같은 양의 일을 해낼 수 있습니다. 마치 구닥다리 컴퓨터가 사양에 버거운 대형 파일을 처리할 때처럼 말입니다. 간단히 말해 피곤한 뇌는 일을 제대로 할 수 없습니다.

현재까지 과학자들이 잠의 필요성에 대해 100퍼센트 확실하게 말할 수 있는 것은 단 하나입니다. "졸리니까 잔다"는 것이지요. 스탠퍼드 대학교의 수면 연구가 윌리엄 디먼트William Dement 박사가 〈내셔널 지오그래픽〉에서 웃음기 없이 말했듯 말입니다.

그러나 이 대답은 이제 바뀔지도 모르겠네요. 최근 연구에서 실마리를 찾았거든요. 아직까지 인간에서 확인된 바는 없지만 적어도 쥐와 원숭이를 관찰한 결과, 잠은 일종의 뇌 세척기 기능을 하는 것으로 보입니다.

깨어 있는 동안 뇌 세포는 유독성 단백질을 만듭니다. 이 노폐물이 돌아다니며 뇌의 기능을 손상합니다.* 우리 뇌에는 뇌 세포를 닦아내고 노폐물을 처리해 독성을 씻어내는 뇌척수액이 있습니다. 그런데 안타깝게도 뇌척수액은 뇌가 깨어 있을 때는 흐르지 않습니다. 깨어 있는 동안에는 뇌 세포의 크기가 수면 상태일 때보다 크기 때문에, 그 사이를 비집고 들어갈 틈이 없습니다. 다시 말해 뇌척수액이 교통체증이 심한 도로처럼 꽉 막힌 뇌 세포 사이를 뚫고 흐르지 못해 독소가 제자리에 머물러 쌓인다는 뜻입니다.

---

* 수면 중에 제거되는 노폐물 중에는 베타아밀로이드beta-amyloid라는 물질이 있습니다. 알츠하이머나 치매와 연관이 있다고 알려진 물질입니다.

그러나 잠이 들면 뇌 세포가 작아지기 때문에 뇌척수액이 시동을 걸고 한밤중에 고속도로를 달리듯 세포 사이를 통과해 흐를 수 있습니다. 그러면서 오염 물질인 독소를 싹 씻어내지요. 이렇게 뇌 세포가 신선하고 깨끗해지면 잠에서 깨어나 삶의 의미를 생각하며 달걀과 시리얼을 먹고 산뜻한 아침을 시작하게 되는 겁니다.

만일 이 이론이 사실이라면, 왜 사람이 피곤할 때면 정신 기능이 급속도로 나빠지는지 설명할 수 있습니다. 또한, 잠을 자지 못하는 것이 어떻게 사람을 죽음으로까지 몰고 가는지, 억지로 깨어 있는 쥐가 왜 그렇게 고집스럽게 불면 상태를 거부하는지 이해할 수 있습니다.

우리는 단지 깨어 있다는 이유만으로 뇌를 더럽히고 있습니다. 그런데 뇌는 정말로 더러운 걸 싫어하는 것 같습니다. 어떻게 해서든 잠이 들려고 필사적으로 애를 씁니다. 밤을 새우려고 시도했다가 실패한 많은 사람이 몸소 경험했을 겁니다. 역사 속에서 물이나 온기, 음식을 거부하다 죽은 사람은 많이 있지만 잠을 거부하다 죽은 사람은 없지요.* 잠을 자려는 본능에는 결코 저항할 수 없습니다. 진화는 잠자는 능력을 주었고, 또 그 능력을 반드시 사용하도록 만들었습니다.

미국에서는 매해 거의 1,500명이 길 위에서 목숨을 잃습니다. 운전 중에 운전자의 뇌가 스스로 무의식 상태에 빠지는 바람에요. 뇌 스스로도 시속 100킬로미터로 달리는 1톤짜리 물체가 자신의 손에 달려 있다

---

* 치명적 가족성 불면증fatal familial insomnia이라는 매우 희귀하고 치명적인 질환이 있습니다. 잠이 들지 못하는 병이지요. 그러나 이 질환으로 인한 사망의 직접적인 원인은 뇌 손상이며, 불면증은 부작용인 것으로 보입니다.

는 사실을 잘 알고 있음에도 불구하고 말입니다.

이는 시작에 불과합니다. 기차나 비행기 사고, 산업재해부터 체르노빌 원전 사고까지 모두 졸음에 책임을 물을 수 있습니다. 기차나 차를 운전하는 도중에 졸음이 오면 '마이크로 수면'으로 이어질 수 있어 매우 위험합니다. 마이크로 수면이란 30초 혹은 그보다 짧은 시간 동안 무의식 상태에 빠지는 겁니다. 마이크로 수면은 저항하기 불가능할 뿐 아니라 수면 상태로 들어갔다가 나오는 과정이 너무 자연스러워 스스로 졸았는지조차 의식하지 못합니다. 도랑에 차를 박는 바람에 잠에서 깨지 않는 한 말입니다.

잠이란 인간에게 반드시 필요한 조건 중에서도 우선순위가 매우 높습니다. 잠이 부족한 뇌의 능력을 제대로 테스트할 수 있는 유일한 방법은 불운한 쥐들이 죽음을 맞이한 각성 기계에 올라타는 것뿐입니다. 물론 그 방법을 추천하고 싶지는 않습니다. 그 고문 기계에 올라가면 불과 2주 만에 당신은 환각과 대화를 나누고, 하나의 생각을 몇 분 이상 유지할 수 없으며, 아마도 자신이 프로 풋볼 선수라고 믿으면서 더러워진 뇌세포 때문에 죽게 될 테니까요.

벼락을 맞는다면?

1978년 4월 2일, 핵무기 실험을 감시하기 위해 만들어진 벨라 인공위성이 무언가를 탐지했습니다. 캐나다의 뉴펀들랜드Newfoundland 해안에서 가까운 벨아일랜드Bell Island의 작은 광산촌에 핵폭탄이 떨어진 것처럼 보였습니다. 군사 분석가들은 있을 수 없는 일이라고들 했습니다. 뉴펀들랜드는 냉전을 깨고 전쟁에 불을 붙일 만한 장소가 아니었기 때문이지요. 실제로 몇 건의 전화 통화로 확인한 결과, 광산촌이 핵 황무지로 변한 건 아니라는 사실이 확인되었습니다.

그렇다면 무슨 일이 일어난 것일까요? 벨라 위성은 번개의 가능성을 무시했습니다. 핵폭탄에서 나오는 섬광이 번개보다 훨씬 밝기 때문입니다. 하지만 벨라 위성이 미처 고려하지 못한 것은 슈퍼볼트superbolts였습니다. 슈퍼볼트는 아주 희귀한 번개인데, 핵폭발에 버금갈 정도로 강력합니다. 벨아일랜드를 친 것은 바로 슈퍼볼트였습니다. 약 50킬로미터 밖에서도 폭음이 들렸고, 1미터에 달하는 분화구가 생겨났으며 집들이 망가지고 텔레비전이 폭파되었습니다.

슈퍼볼트가 대체 뭐냐고요? 일반적인 낙뢰(땅까지 내려오는 번개. 벼락과 같은 말이다 – 옮긴이)는 구름의 바닥에서 시작됩니다. 땅에서 약 1킬로미터 높이이지요. 그러나 100만 번에 1번쯤, 구름의 꼭대기부터 번개가 내리치기도 합니다. 9킬로미터 높이에서 떨어지는 이 번개를 슈퍼볼트라고 부릅니다. 슈퍼볼트는 지상까지 아주 먼 거리를 이동하므로 굉장히 센 전압이 필요합니다. 일반적인 번개보다 100배나 더 강력하지요.*

슈퍼볼트는 극히 드물게 일어나고 또 대부분 수면 위로 내리칩니다. 그래서 슈퍼볼트의 목격담은 흔치 않지요. 1959년 4월 2일, 미국 일리노이주 릴랜드Leland에 떨어진 슈퍼볼트가 옥수수 밭에 3미터짜리 구멍을 남겼습니다. 1838년에는 영국 군함 로드니 호의 360킬로그램짜리 돛대에 슈퍼볼트가 떨어진 사고가 있었지요. 프랭크 레인Frank Lane이 쓴 《자연의 분노The Element Rage》라는 책에 나오는 대로, 돛대는 "순식간에 대팻밥처럼 부스러졌"습니다.

자, 당신이 정말로 운이 나빠서, 지표면에서 9킬로미터나 되는 곳에서 전기를 만들어내기 시작한 이 유난히 사악해 보이는 비구름 아래 서

---

*구름이 번개를 생성하는 과정은 아직도 완전히 밝혀지지 않았지만, 먹구름이 상하로 움직일 때 그 속의 얼음과 물이 이동하는 과정과 관련되어 있다고 생각합니다. 모직 양말을 카펫에 대고 문지를 때처럼, 일종의 정전기 방전이 일어나는 것이지요.

있었다면 어떻게 될까요? 로드니 호의 돛대처럼 산산조각 날까요?

아마도 그렇게 될 겁니다. 그러나 번개가 정확히 당신을 어떻게 쳤으며 얼마만큼의 에너지를 전달했느냐에 따라 상황은 달라집니다. 평범한 번개라도 너비가 팔뚝 길이만 한 것이 몸을 통과한다면 로드니 호의 돛대처럼 될 수 있습니다. 그러나 대개는 번개에 직접 맞는다고 하더라도 대팻밥처럼 되지는 않습니다. 번개는 자신이 지닌 힘의 일부만 가지고 희생자를 덮치기 때문입니다. 번개가 사람의 몸을 직접 통과하는 대신 몸을 '에워싸며' 내려온 경우라면 번개에 맞더라도 목숨을 잃지 않을 수도 있습니다.

번개가 몸을 에워싸는 경험은 치명적인 것처럼 들리지만, 어차피 벼락을 맞을 운명이라면 이 경우가 생존 가능성이 가장 큽니다. 게다가 몸이 젖어 있다면 더 바람직하지요. 전기는 언제나 저항이 가장 약한 곳을 따라 흐르는 습성이 있습니다. 그리고 물은 피부보다 저항이 약합니다. 따라서 벼락이 내리칠 당시 몸이 아주 흠뻑 젖어 있다면 전기는 몸을 통과하는 대신 피부 바깥으로 흐를 겁니다.

또한, 번개가 내리치는 순간 주위 공기에는 전하가 생성되는데, 이 공기가 사람의 몸을 통과하는 것보다 더 쉬운 길이 됩니다.* 이것을 플래시오버flashover(섬락) 현상이라고 부릅니다. 벼락에 맞아 정신을 잃고 쓰러졌던 사람이 깨어나보니, 피부의 물기는 순식간에 증발하고 옷이

---

* 팔뚝의 털이 솟는다거나 주변 공기가 탁탁 튀는 등 정전기가 축적되는 느낌이 들거든 재빨리 몸을 피하세요. 차 안으로 들어가는 것이 제일 안전합니다. 차체의 금속이 번개에 저항이 가장 낮은 경로를 제공합니다. 전하는 차의 내부를 완전히 피해 외부로만 흘러가게 될 겁니다.

바람에 날려 벌거벗고 있다는 사실을 발견하기도 합니다.

벼락을 맞는 것과 가정에서 일어나는 감전 사고의 가장 큰 차이는 전기가 몸속을 통과하는 시간입니다. 전형적으로는 8~10마이크로초에 해당하지요. 보통 콘센트에 젓가락을 끼워 감전되는 경우에는 감전과 심장박동의 타이밍이 그다지 중요하지 않습니다. 감전의 경우 전기의 흐름이 오래 지속하기 때문입니다.

그러나 벼락을 맞았을 때는 정확히 전기가 언제 심장을 통과했느냐에 따라 살 수도 죽을 수도 있습니다. 심장이 수축하기 직전에 전기가 통과하는 것은 나쁜 상황입니다. 겨우 10분의 1초 동안이지만 심장이 수축하기 직전에 전류가 심장을 지나간다면 심실세동을 일으킵니다. 이때 심장충격기로 재빨리 손을 쓰지 않으면 사망합니다.

운이 좋아 심장 수축 직후에 벼락을 맞았다고 하더라도 여전히 위험은 남아 있습니다. 슈퍼볼트는 마을 전체의 전기 배선을 엉망으로 만들곤 합니다. 벨아일랜드에서 그랬던 것처럼 말이지요. 그러니 우리의 작은 몸에서는 어떨지 상상해보세요. 벼락을 맞으면 그 전기가 중추신경계를 과도하게 자극해 일시적으로 뇌를 제압합니다. 그래서 의식을 잃고 뇌줄기가 엉망이 되지요. 뇌줄기는 호흡을 기억하는 장소입니다. 뇌줄기에 문제가 생기면 숨 쉬는 법을 잊을 겁니다.* 이는 벼락을 직접 맞지 않아도 일어날 수 있는 일입니다.

어떻게 이 모든 기분 나쁜 일들을 피할 수 있을까요? 폭풍우가 치는

---

* 그래서 벼락을 맞은 사람에게 심폐소생술이 중요합니다. 시간이 지나면 뇌줄기는 스스로 회복해 다시 호흡할 수 있습니다. 그러나 회복하기까지 타인의 도움이 절실히 필요하지요.

날에는 나무 밑에 서 있겠다고요? 특히 더 좋지 않은 생각입니다.* 벼락이 나무를 치고 지표로 내려와 주변 지역이 전열기처럼 변하거든요. 당신에게는 좋지 않겠지요. 사람의 몸은 소금물에 불과한데, 소금물은 지표의 물보다 저항이 낮으므로 전류가 지나가는 경로가 될 가능성이 크기 때문입니다.

전기가 한쪽 다리로 올라왔다가 다른 쪽 다리로 내려가면서 몸의 전기 시스템을 강탈하고 다리 근육을 태우며 공중으로 높이 튀어 오르게 할 겁니다. 또한 전류는 세포를 통과하면서 세포벽에 구멍을 내고 파괴합니다. 이렇게 세포가 죽으면 감염이 일어나기 위한 완벽한 조건이 되지요. 좋은 점도 있기는 합니다. 전류가 뇌줄기로 흐르지는 않을 테니, 적어도 숨 쉬는 방법은 잊지 않을 겁니다.

슈퍼볼트가 로드니 호의 돛대를 쳤을 때, 돛대에 들어 있는 마지막 1방울의 물까지 모두 끓어 넘쳤습니다. 물 분자가 빠르게 기체로 팽창하면서 돛대가 바다에서 폭발했지요. 책에 나온 대로라면 "목수가 대팻밥을 바다로 쓸어내 버리는 것" 같았다고 합니다.

아무튼 슈퍼볼트에 직접 맞는다고 해도, 대부분의 전기는 당신의 옆을 따라 통과할 겁니다. 하지만 슈퍼볼트가 워낙 강력하므로 충분히 심장을 정지시키고 뇌를 뒤죽박죽으로 만들 수 있습니다. 다시 말해 당신은 죽습니다. 단지 폭발하지 않을 뿐입니다.

---

*또 다른 나쁜 생각은 바로 배수로에 누워 있는 겁니다. 땅을 따라 흐르는 전기가 몸을 통과해 배수로 반대편으로 흘러갈 겁니다. 낮은 동굴 속에 서 있는 것도 별로 좋지 않습니다. 그냥 자동차를 찾아 안에 들어가세요.

그러나 대단히 운이 나빠서(아니면 어디서 엉뚱한 조언을 듣고 와서는 쇠막대를 머리 위로 치켜들고 서 있었다고 해봅시다), 커다란 접시 크기의 완벽한 번개가 머리로 곧장 떨어졌다면, 당신은 로드니 호의 돛대와 같은 모습으로 생을 마감할 겁니다. 전기가 당신의 촉촉한 핏줄과 기관을 타고 내려와, 태양의 표면에 서 있을 때보다 조금 더 많은 에너지로 당신의 몸을 달구고 몸속의 물을 증기로 만들어 산산조각이 나도록 폭파할 테니까요.*

그럼 아마 벨라 인공위성이 낙뢰를 감지하고 몇몇 과학자들이 핵폭탄이 터진 게 아닌지 확인하러 직접 찾아가겠지요. 하지만 그들은 부서진 텔레비전 몇 대와 놀란 이웃들 그리고 사방에 산산이 흩어진 어느 한 사람의 사체만을 발견하게 될 겁니다.

---

* 일반적인 번개조차 피부를 통과할 때 모세혈관이 가열되어 터지면서 '번개 꽃lightning flowers' 또는 '깃털 피부skin feathering'라고 부르는 특이한 패턴의 흉터를 피부에 남깁니다.

세상에서 가장 차가운 물이 담긴
욕조에 들어간다면?

누구나 한 번쯤 실수로 냉탕에 몸을 담가본 적이 있을 겁니다. 그런데 만약 냉탕 정도가 아니라, 세상에서 가장 차가운 물이 담긴 욕조에 들어간다면 어떻게 될까요? 배관공의 실수로 찬물이 액체 헬륨으로 바뀌었다면 말이지요. 액체 헬륨은 세상에서 가장 차가운 액체입니다. 그런데 이 차가운 액체에 발끝부터 서서히 담근 것도 아니라, 곧장 풍덩 뛰어들었다고 가정해봅시다.

이 사고는 실제로 몇몇 과학자들에게 일어날 뻔했습니다. 물론 완전히 똑같지는 않아도 대략 비슷한 상황이었지요.

스위스에 있는 거대한 입자가속기인 대형 강입자충돌기의 운행이 재개된 지 9일 후, 이음새의 납땜이 벌어지면서 6톤이나 되는 액체 헬륨이 터널 안쪽으로 새어 들어왔습니다. 천만다행으로 사고가 일어났을 때는 아무도 터널에 없었습니다.* 누구라도 그 안에 있었다면(스포일러에 주의하세요!), 영화 〈터미네이터 2Terminator 2〉의 악당처럼 그 자리에서 얼어버렸을 겁니다.

헬륨은 우리에게 파티 풍선으로 익숙한 기체입니다. 헬륨은 영하 268.9도에서 액체로 변합니다. 절대영도(영하 273.15도)보다 아주 조금 높은 온도이지요. 욕조가 액체 헬륨으로 채워지면 일부가 따뜻해지면서 기화하는데, 대략 454그램의 액체 헬륨이 3세제곱미터의 기체를 생산합니다. 아마 상당량의 산소를 대체하겠지요.

당신이 욕조에 뛰어든 순간 비명을 지른다면 그 목소리는 가느다란 고음이 되어 나올 겁니다. 사람의 목소리는 입안에서 소리가 울려 퍼지는 방식에 따라 결정됩니다. 그런데 소리의 속도가 헬륨을 통과할 때 2배 정도 빨라지므로 입안에서 소리가 튕겨 나오는 속도 역시 2배로 빨라지면서 목소리의 옥타브가 높아집니다. 그래서 당신의 비명은 약간 우스꽝스럽게 들릴 겁니다.

당연히 추위의 문제도 있겠지요. 그러나 적어도 처음 몇 초간은 통증이 없어 오히려 놀랄 겁니다. 이것은 라이덴프로스트 효과Leidenfrost effect 때문입니다. 극도로 차가운 액체에 닿았을 때, 처음에는 비교적 따뜻한 피부가 순간적으로 액체 헬륨을 기화시킵니다. 그 기체가 일종의 단열재처럼 차가운 열을 차단하지요. 아주 민첩하게 움직인다면 액체

---

* 이 사고는 정말 대단했습니다. 작은 도시 전체가 이용할 수 있을 만큼의 전기 에너지가 사고로 터널 이음새 주변의 금속과 만났고, 순식간에 이 금속을 증기로 바꾸어버린 것이지요. 그로 인한 폭발 때문에 10톤짜리 자석이 1미터 이상 이동했습니다.

헬륨, 액체 질소, 심지어 녹은 납에도 고통을 느끼지 않고 손을 담갔다 뺄 수 있는 이유가 바로 이 라이덴프로스트 효과 때문입니다.

그 효과가 얼마나 오래 지속할지는 알 수 없습니다만, 적어도 몇 초 간은 상대적으로 통증을 느끼지 않을 겁니다. 마침내 피부의 온기가 사라지면 액체 헬륨의 기화 작용이 멈추면서 차가운 헬륨이 직접 몸에 닿습니다. 고통이 시작되는 순간이지요.

인체에는 차가움을 느끼는 감각수용기가 2가지 있습니다. 하나는 피부에 닿는 몸 외부의 온도를 최저 20도까지 감지한 후 '선선하다' 혹은 '쌀쌀하다'고 말합니다. 다른 하나는 15도 이하의 물체에 닿았을 때 활성화됩니다. 그리고 몸이 '얼어버릴 것처럼 춥다'고 말하지요. 그런데 뇌는 이 신호를 고통으로 해석합니다. 신호가 강해질수록(차가울수록) 더 큰 고통을 느끼게 됩니다.

말할 필요도 없이 액체 헬륨이 든 욕조 안에서는 바로 두 번째 신경 세포가 작동하므로 극도로 고통스러울 겁니다. 통증 외에 다른 문제도 있지요. 바로 질식입니다.

당신이 마시는 모든 기체 헬륨은 목소리만 우스꽝스럽게 만들 뿐 아니라 산소를 대체합니다. 헬륨은 독성이 있는 기체는 아닙니다. 사람들이 파티에서 헬륨 풍선 속 가스를 들이마시며 장난 치는 것을 보면 알 수 있습니다. 그러나 이 상황에서 헬륨은 치명적인 수준으로 산소를 대체합니다. 안타깝게도 우리 몸은 혈액에 이산화탄소가 많아지는 것은 느낄 수 있지만 산소가 줄어드는 것은 감지하지 못합니다. 당신은 욕조에 들어간 뒤 15초가 지나면, 무엇이 문제인지도 모르는 채 의식을 잃고 기절할 겁니다.*

맨 처음 고음의 비명을 지르고 산소 부족으로 기절하기까지, 약 10초 사이에 당신은 헬륨 액체에서 일어나는 재미있는 현상을 관찰할 수도 있습니다.

액체 헬륨은 매우 차가운 물질로 잘 알려져 있습니다. 그러나 동시에 초능력을 가진 초유동체superfluid로도 불립니다. 액체 헬륨이 가진 능력의 예를 몇 가지 들어보자면, 일단 마찰이 거의 없습니다. 그래서 만약 액체 헬륨이 가득 들어 있는 통을 크게 몇 번 휘젓고 내버려두었다가, 100만 년 후에 돌아와서 다시 통 속을 들여다보면 액체 헬륨은 여전히 빙빙 돌고 있을 겁니다.**

또한, 액체 헬륨은 벽을 타고 오를 수 있습니다. 너무 가볍고 마찰이 없어서 유리컵에 부으면 컵의 벽을 타고 끝까지 올라와 손바닥에 떨어집니다. 다시 말해 액체 헬륨이 가슴까지만 채워져도, 충분히 목까지 기어 올라올 것이라는 뜻입니다.

그런데 목은 극한의 차가운 액체에 매우 취약합니다. 목은 피부가 얇아 보온이 안 될 뿐만 아니라 엄청나게 많은 혈액이 지나갑니다. 산소 부족으로 기절하지 않더라도(예를 들어 산소통을 사용한다고 합시다) 액체 헬륨 때문에 피가 얼어붙어 목 안에 얼어붙은 댐이 만들어질 겁니다.

---

* 왜 인체는 이산화탄소만 감지하고 산소는 감지하지 못할까요? 산소는 약간 복잡한 화학 과정을 통해 감지됩니다. 반면, 이산화탄소는 혈액의 산성도를 높이는데요. 산성도를 감지하는 것은 인체에서나, 화학 수업에서나 쉬운 일입니다. 아마도 진화는 쉬운 길을 택한 것 같네요.
** 액체 헬륨 때문에 동사할 수밖에 없는 이 상황이 너무 안타깝습니다. 그렇지 않으면 액체 헬륨의 극도로 낮은 마찰력을 이용해 진짜 신나는 미끄럼틀을 만들 텐데 말이지요.

뇌가 작동하려면 피가 필요한데, 동맥이 얼어버리면 뇌로 혈액이 운반되지 않아 작동을 멈추게 됩니다.

심지어 숨이 끊어진 후에도 몸이 계속 얼어붙어, 곧 〈터미네이터 2〉의 악당처럼 단단한 얼음 바위가 될 겁니다. 이때 누군가 당신의 냉동 몸뚱이에 총을 쏜다면 몸이 산산이 부서지겠지요.

하지만 인간의 몸은 〈터미네이터 2〉 속 악당의 몸에 비해 몇 가지 유리한 점이 있습니다. 금속은 매우 훌륭한 열전도체입니다. 그래서 금속으로 만들어진 〈터미네이터 2〉의 악당은 액체 헬륨(영화에서는 액체 헬륨보다 조금 온도가 높은 액체 질소였지만)에 발만 담가도 몸 전체가 얼어버립니다. 금속에 비해 인체는 단열 성능이 훨씬 뛰어나지요. 액체 헬륨 욕조에 발을 넣었다고 해서 머리까지 얼어붙지는 않을 겁니다.

물론 불리한 점도 있습니다. 터미네이터의 악당은 해동되면 곧바로 다시 움직일 수 있지만 인간은 그렇지 않습니다.

마침내 모든 헬륨이 증발해버리면 당신의 몸은 녹게 될 겁니다. 그러나 해동 과정에서 세포가 죽는다는 게 문제입니다. 이 문제는 극저온 실험실에 보관된 뇌에도 해당합니다. 몸을 서서히 냉동시키면, 세포 안의 물이 눈 결정처럼 뾰족한 얼음 형태가 되면서 세포를 찔러 파괴합니다. 다행히 액체 헬륨을 이용하거나 혹은 극저온 실험실에서 급속 냉동된다면 날카로운 눈송이 단계를 거치지 않으므로 세포가 파괴될 일은 없습니다.

그러나 냉동된 것을 급속 해동하는 방법은 없습니다. 냉동 인간과 극저온 실험실의 모든 뇌에게는 안됐지만, 실온으로 돌아오는 동안 세포 속에 뾰족한 얼음 결정이 자라면서 세포를 죽일 겁니다.

파괴된 세포는 죽은 세포입니다. 한번 죽은 세포는 다시 살아나지 못합니다. 그러니 〈터미네이터 2〉의 마지막 장면과는 달리 당신은 "다시 돌아오지" 못할 겁니다.

우주에서 스카이다이빙을 한다면?

역사상 가장 높은 곳에서 스카이다이빙을 한 사람은 2014년 10월 뉴멕시코의 41킬로미터 상공에서 뛰어내린 앨런 유스터스Alan Eustace 입니다. 유스터스는 음속(약 시속 1,220킬로미터-옮긴이)을 깨고 시속 1,300킬로미터 이상의 속도로 낙하했습니다. 지상에서도 들리는 '음속 폭음sonic boom'이 발생했지요. 그러나 우주란 지상에서 약 100킬로미터 지점 이상을 말하므로,* 앨런이 우주에서 낙하한 것은 아닙니다.

그가 우주에서 스카이다이빙을 시도하지 않은 데는 몇 가지 그럴 만한 이유가 있습니다. 하지만 당신이 그 이유를 무시하고, 세상에서 제

---

* 지구의 대기는 한 지점에서 갑자기 없어지는 것이 아니라 높이 올라갈수록 엷어집니다. 약 100킬로미터 상공으로 올라가도 여전히 대기는 약간 남아 있지만, 이 고도에서는 비행기가 낙하하지 않고 떠 있으려면 궤도 운동을 해야 합니다. 그래서 우주의 경계선이라고 보기에 적절합니다.

일 높은 곳에서 스카이다이빙을 시도한 기록에 도전했다고 해봅시다. 당신의 도전을 가치 있게 만들기 위해 지구 표면에서 약 400킬로미터 상공에 있는 국제우주정거장을 출발점으로 삼겠습니다. 뛰어내리기 전에, 반드시 우주복과 산소가 필요합니다(우주복과 산소가 없을 때 어떻게 되는지는 66쪽을 참고하세요).

당신에게 주어진 첫 번째 도전은 우주정거장을 벗어나 '의도한 방향'으로 낙하하는 겁니다. 당신은 현재 우주정거장과 함께 한없이 지구로 '떨어지는' 중이면서, 동시에 초속 8킬로미터로 수평 이동을 하고 있습니다. 실은 옆으로 날아가는 속도가 너무 빨라서 지구로 떨어질 타이밍을 놓치는 것이지요. 이것을 궤도라고 부릅니다.

혼란스럽겠지만 이렇게 이해해봅시다. 지구에 산맥도 없고 공기저항도 없다고 가정합니다. 당신은 대포의 포탄이 되어 1.8미터 높이까지 쏘아 올려진 후, 초속 8킬로미터의 속도로 이 행성을 훑어보고 있습니다. 이때 중력이 작용해 1.8미터 높이에서 당신을 끌어내리려 하겠지만, 그새 당신은 초속 8킬로미터의 속도로 멀찌감치 옆으로 움직였습니다. 그런데 지구는 평평하지 않고 둥글게 생겼으므로 당신이 옆으로 움직이면서 아래로 떨어져도 여전히 지구에서 1.8미터 높이에 있는 셈이 됩니다.* 국제우주정거장은 이와 같은 일을 좀 더 높은 지점에서 하고 있을 뿐입니다.

---

*다시 말해, 콜럼버스의 생각이 옳아 지구가 평평하다면 지구 주위를 공전하는 물체는 없을 겁니다. 또한, 초속 8킬로미터는 어떤 총알보다도 빠르지만, 달에서는 궤도 운동을 하기 위해 고작 초속 1.1킬로미터면 충분합니다. 스위프트 소총에서 쏜 총알보다도 느린 속도지요. 그래서 달에서 스위프트 소총을 쏜다면, 총알이 달을 1바퀴 돌아 당신의 뒤통수에 박힐 겁니다.

일단 우주정거장에서 벗어나면 지구까지 떨어지는 데 아무 도움도 필요하지 않습니다. 중력이 알아서 끌어주니까요. 옆으로 움직이는 속도를 줄여 궤도에서 벗어나기만 하면 됩니다. 우리는 당신에게 감속할 수 있는 로켓 추진 장치를 주겠습니다. 소유스Soyuz 우주선이 지구로 귀환할 때 사용한 것과 같은 장치입니다.

이제 당신은 지구에서 100킬로미터 높이에 있는 가상의 우주 경계선을 지나칩니다. 이쯤이면 마하 25의 속도로 맹렬히 낙하 중일 겁니다. 세상에서 가장 빠른 유인 비행기는 X-15라는 실험용 항공기인데, 조종석이 달린 로켓이나 다름없습니다. 비행 속도가 마하 6.7을 기록했지만 그 속도를 오래 유지하지는 못했습니다. 몸체가 녹기 시작했거든요.

당신은 그보다 몇 배 빨리 움직일 겁니다. 사실 인간은 역사상 마하 25보다 높은 속도를 기록한 적이 있습니다. 아폴로 10호가 지구로 귀환할 때 마하 32의 속도로 낙하했지요. 그러나 당시 아폴로 호에 탑승했던 토머스 스태포드Thomas Stafford, 존 영John Young, 유진 서넌Eugene Cernan은 우주선 안에서 열이 차단된 상태였던 반면, 당신은 그렇지 않습니다.

마하 25의 속도로 움직이면 몇 가지 문제가 발생합니다. 마하 25는 시속 3만 킬로미터가 넘는 빠른 속도입니다. 우주정거장이 있는 우주 공간에서야 공기가 거의 없으므로 상관없지만, 대기권으로 진입해 공기층이 두꺼워지면 속도가 줄기 시작합니다.

그런데 감속 과정은 매우 고통스럽습니다. 낙하 속도가 너무 빨라 앞을 가로막은 공기가 제때 길을 비켜주지 못하기 때문입니다. 이때 발생하는 문제 중 가장 큰 3가지에 초점을 맞춰보겠습니다.

첫 번째 문제는 중력가속도입니다. 공기층으로 인한 감속력이 너무 커서 당신의 몸무게가 일시적으로 2,000킬로그램 이상이 될 겁니다. 미 공군 장교 존 스탭은 무려 46g를 견뎌냈지만, 당신은 30g 상태로 몇 초만 있어도 죽을 겁니다. 기도나 폐처럼 신체의 부드러운 부분이 엄청난 압력에 완전히 쭈그러들 테니까요.

두 번째로 겪게 될 어려움은 난기류입니다. 마하 25에서 체감하는 바람은 그 속도가 너무 빨라, 당신의 몸을 빠르게 회전시키며 갈가리 찢어놓을 겁니다. 예를 들어 위성이 제 속도를 잃고 궤도에서 벗어나면 온전한 상태로 추락하는 것이 아니라 여러 조각으로 분해되어 떨어집니다. 그런데 위성은 금속을 단단히 용접해놓은 물체이지요. 당신의 팔다리보다 훨씬 튼튼히 붙어 있다는 뜻입니다. 운석조차 지구의 대기권을 진입하며 산산조각이 납니다.

세 번째 난관은 열입니다. 추락하는 당신의 앞길을 제때 비켜주지 못하는 공기는 압력을 받아 수축합니다. 압축된 공기는 뜨거워지지요. 정찰기 SR-71의 날개는 온도가 무려 316도까지 올라갑니다. 그것도 겨우 마하 3일 때 말입니다.

마하 25에서 만나는 공기는 너무 뜨거워진 나머지 바위도 녹일 정도입니다. 이 열을 견디려면 우주선은 녹는점이 아주 높은 석재를 단열재로 사용해야 합니다. 이런 석재는 열전도율이 매우 낮아 1,200도짜리 오븐에서 가열되어도 맨손으로 만질 수 있지요.* 우주왕복선 컬럼비아

---

*유튜브에 훌륭한 재현 영상이 있습니다.

호가 지구로 재진입하던 중 단열 시스템에 문제가 생겨, 압축된 뜨거운 공기가 우주선 안으로 들어오는 바람에 공중분해되는 사고가 일어나기도 했습니다.*

당신은 우주선에 탑재된 열 차단 장치의 도움을 받지 못하므로 온몸으로 그 충격을 견뎌야 합니다. 열은 당신의 살을 모두 탄소 원자로 바꾸어놓을 겁니다. 처음엔 익히고, 충분한 산소가 있으면 태우고, 마침내 1,650도 이상이 되면 기화시키겠지요.

기화라는 용어는 당신의 몸을 이루는 분자가 개별 원자로 분해되어 CHON(탄소, 수소, 산소, 질소) 기체가 된다는 말의 다른 표현입니다. 그러나 결국엔 기화된 원자조차 뜨거운 온도를 견디지 못할 겁니다. 고온의 열이 원자를 구성하는 전자마저 뜯어내 이온화시키면, 당신은 빛을 내며 떨어지는 플라스마가 될 겁니다.**

좋은 소식은, 당신의 마지막 순간이 아주 멋지게 마무리될 것이라는 점입니다. 지구에서 보면 당신은 하늘을 가로지르는 한 줄기 빛으로, 어떤 별똥별보다 밝게 빛날 것이며 낮에도 보일 겁니다. 그리고 별똥별처럼, 적어도 처음에는 당신 몸의 그 어느 한 조각도 지구까지 내려오지는 못합니다. 대신 이온화된 플라스마가 공중에 퍼지겠지요.

그러나 마침내 외로운 핵이 잃어버린 전자의 대체품을 찾아 다시

---

* 이류 당시 우주왕복선의 과냉각 연료 탱크를 보호하는 단열재가 벗겨지면서 단열판에 구멍이 생겼습니다. 새로운 우주 운송 시스템을 도입하게 되면, 이 문제를 보완하기 위해 우주선보다 높은 곳에 연료 탱크를 만들지 않을 겁니다.
** 미안하지만 몸이 하나도 남아나지 않을 겁니다. 무려 2톤이 넘는 얼음덩어리도 지구를 향해 떨어질 때 대기권을 통과하면서 다 타버립니다. 그렇다고 당신의 몸이 얼음보다 내구력이 크게 뛰어난 것도 아니니까요.

완전한 원자가 되면, 역사상 가장 높은 곳에서 스카이다이빙에 도전한 당신의 기록을 마무리 짓기 위해 땅에 흩뿌려질 겁니다. 당신의 몸에는 수많은 원자가 있으니 적어도 그중 하나는 대기를 떠돌며 모든 이의 숨결에 물들겠지요. 영원히.

타임머신을 타고 시간 여행을 한다면?

오랜 역사를 통틀어 지구는 굉장히 살기 힘든 장소였습니다. 날씨가 너무 춥거나 더웠고, 그렇지 않을 때는 끔찍한 포식자들이 득시글거렸습니다. 그렇지만 우리에게 타임머신이 있어 마음만 먹으면 두 눈으로 직접 확인할 수 있다고 가정합시다. 다음은 당신이 그 시대로 되돌아간다면 일어날 법한 일들입니다.

46억 년 전 지구가 이제 막 생겨나고 있습니다. 그러나 아직 완성되지는 않았지요. 당신은 중력을 받아 붕괴하는 기체와 먼지의 구름 위에 발을 딛게 될 겁니다. 수많은 잡다한 물질들이 덩어리를 이루어 여기저기 돌아다닙니다. 어떤 것은 아주 느리게 움직이면서 당신의 몸에 부딪히고 튕겨 나갈 테지요. 또 어떤 바위는 총알보다 몇 배나 빠른 속도로 움직입니다. 잘못해서 몸에 맞으면 제대로 몸을 뚫고 지나갈 겁니다. 별로 일어날 법하지 않은 일이지만요.

진짜 큰 문제는 지구가 여전히 크고 정돈되지 않은 우주 쓰레기 더미나 다름없다는 점입니다. 지표도 대기도 없는 진공 상태에 있는 당신은 아마 15초 만에 정신을 잃고 몇 분 만에 질식해 저세상으로 떠날 겁니다. 다시 말해, 지구는 아직 공사 중입니다. 나중에 다시 오는 편이 낫겠습니다.

45억 년 전 지구에 비로소 표면이 생겼습니다. 그러나 안타깝게도 용암으로 뒤덮여 있어 질식하기도 전에 산 채로 불에 탈 겁니다. 아직 단단한 바위는 보이지 않습니다. 모든 것이 흐물흐물하고 아무것도 식지 않았습니다. 지구에 대기는 생겼지만, 아직 산소가 없습니다.

하지만 공기 따위에 신경 쓸 시간이 없습니다. 다시 말하지만, 당신은 지금 용암 위에 서 있기 때문입니다. 대기 중에 헬륨이 많이 들어 있어 당신은 마지막으로 엄청난 고음을 자랑하며 비명을 지르게 될 겁니다. 다음번에는 좀 더 행운이 있기를 바랍니다.

44억 년 전 이제는 그래도 좀 나아졌습니다. 이때쯤이면 행성의 표면도 식었습니다. 지금까지 발견된 바위 중에서 가장 오래됐다고 알려진 것이 바로 이 시기에서 왔습니다. 그래서 적어도 발을 딛고 서 있을 곳이 있다는 것은 압니다. 하지만 안타깝게도 지구에는 아직 태양의 자외선을 차단해줄 오존층이 없습니다. 그 말은 자외선에 지나치게 노출되어 15초 만에 화상을 입을 것이라는 뜻입니다.

산소 문제도 있습니다. 이 시대의 지구에는 여전히 산소가 전혀 없거든요. 그래서 숨이 막혀 죽을 겁니다. 만일 숨을 꾹 참는다면 1, 2분 정도는 더 살 수 있을지도 모르겠네요. 대기는 메탄과 이산화황, 암모니아로 가득 차 있어서, 숨을 들이마신다면 지구에서 당신의 마지막 기억은 썩은 달걀의 악취가 될 겁니다.

38억 년 전 이제 세상을 떠나기 전에 수영은 할 수 있습니다! 옛날 옛적 태양계는 위태롭게 달리는 바윗덩어리가 어지럽게 널려 있는 장소였습니다. 지구는 지속적인 폭격에 시달렸지요. 그러나 이 유성체들은 새로운 기체를 선물로 가져왔습니다. 그리고 지구의 껍질에서 나온 기체와 결합해 대기를 만들고 비와 바다도 만들었습니다. 이때쯤이면 지독한 냄새를 풍기던 황도 모두 청소되었습니다. 그래서 악취가 천지에 진동하는 정도는 아닐 겁니다.

생명도 시작되었습니다. 그래서 당신은 적어도 혼자 죽지는 않을 겁니다. 이제 지구에 남세균cyanobacteria이 살고 있으니까요. 그러나 아직도 산소는 없습니다. 당신은 숨이 막혀 죽을 겁니다. 운이 정말 나쁘다면 운석과 충돌하거나, 운석이 머리 위로 지나갈 때 그 뜨거운 열기에 튀겨지거나, 운석이 바다로 떨어질 때 발생하는 쓰나미에 휩쓸려 익사할 겁니다.

14억 년 전 마침내 숨을 쉴 수 있게 되었습니다. 바닷속에서 작은 생물체들이 10억 년 이상 살아왔으나 최근에 아주 근사한 재주를 가진 놈들이 새로 나타났습니다. 이 이름 모를 청록색 조류^{algae}들이 대기에 풍부한 이산화탄소를 먹어치운 후 찌꺼기로 산소를 방출했습니다. '광합성'이라는 새로운 기술로 무장한 조류는 지구에서 엄청난 성공을 즐겼습니다. 이렇게 수백만 년이 지나면서 지구 전체의 대기 조성이 바뀌었습니다.

안타깝게도 원래 있던 터줏대감들은 예전의 대기 환경에서 행복하게 살았지요. 그들에게 산소는 오히려 독이 되었습니다. 그래서 지구에서 일어난 첫 번째 대오염 사건을 거치며, 거의 모든 종이 멸종하고 말았습니다. 하지만 그들에게는 독일지라도, 당신에게는 득이 되었습니다. 안타깝게도 이때 대기는 겨우 4퍼센트의 산소만을 포함하고 있습니다. 히말라야산맥을 오르는 셰르파가 아니라면 당신은 공기 중 21퍼센트의 산소가 들어 있는 환경에 익숙합니다. 4퍼센트의 산소를 마시는 것은 고도 9킬로미터 상공에서 숨을 쉬는 것과 같아서, 가능은 하지만 훈련이 필요합니다. 그러니까 시간 여행을 떠나기 전에 히말라야로 가서 훈련을 거치는 게 좋겠습니다.*

산소가 부족한 문제만 어찌어찌 해결한다면, 적어도 이 시기에는 강에 마실 수 있는 신선한 물도 있습니다. 그러나 먹을 만한 동물이나 큰 식물(조류를 제외하면)이 없습니다. 게다가 확실치는 않지만 이 시대

---

*산소 농도가 낮은 환경이 생명에 미치는 다른 문제가 있습니다. 이곳에서 손을 베인다면, 상처가 낫지 않을 겁니다. 인체는 자신을 치유하기 위해 에너지가 필요한데, 산소가 넉넉하지 않으면 상처를 치료할 만큼 충분한 에너지를 생산하지 못하기 때문입니다. 그리고 아기를 낳는 것도 불가능합니다. 임신부가 아기와 나눌 산소가 부족하기 때문이지요.

를 지배하던 조류가 오늘날 지구상에 남아 있는 그들의 자손과 비슷하다면, 이들은 사이아노톡신cyanotoxin이라는 독소를 가지고 있습니다. 자연에 존재하는 가장 강력한 신경 독소이지요. 이 조류를 먹는다면 내장과 가로막이 마비되어 질식할 겁니다. 다시 말해 당신은 제대로 먹지 못해 굶어 죽거나, 먹는다고 해도 숨이 막혀 죽을 수밖에 없겠네요.

5억 년 전 이 시대에서의 생존 확률은 당신의 타임머신이 착륙하는 장소에 따라 달라집니다. 바닷가라면 괜찮을 것 같네요. 아직 바다 밖으로 기어 나온 생명체가 없어 육지는 완전히 황무지거든요. 그러나 바닷속은 크게 번성하고 있지요. 그래서 해안가를 따라 움직인다면 살아남을 가망이 있습니다.

이제 대기에는 산소가 충분해서 몇 분 이상 숨을 쉴 수 있습니다. 그리고 껍질이 있는 먹을 만한 생물체도 있습니다. 하지만 물속에서는 조심해야 합니다. 단단한 껍질 없이 속살만으로 돌아다니는 당신이, 커다란 물고기들에게는 분명히 맛좋은 돼지 바비큐로 보일 테니까요. 물속에는 대형 거머리도 돌아다니는데 아마 당신의 옆구리를 파고 들어가 내장을 빨아먹을 겁니다.

하늘에서는 아직 오존층이 형성되는 중이므로, 자외선 차단지수가 250은 되는 공업용 선크림과 성능 좋은 선글라스를 가져가는 편이 좋을 겁니다. 선글라스를 쓰지 않으면 15분 만에 각막이 타버리고 말 테니까요. 그러나 적어도 이 시대로 돌아간다면 살아남을 가능성은 있네요.

4억 5,000만 년 전 오존층이 완성되었습니다. 이제 햇빛으로 인한 치명적인 화상을 염려하지 않고 모험을 떠날 수 있습니다. 바다에는 갖가지 해양생물이 넘쳐나고, 강에는 물고기가 그득합니다. 그래서 굶어 죽을 염려는 없습니다. 그러나 아직 낮은 수풀 말고 크게 자라는 식물이 없으므로 그늘을 찾기 어렵습니다. 또한 육지에서는 먹을 것을 찾기가 힘듭니다.

3억 7,000만 년 전 후기 데본기입니다. 살아 있는 것에 관심이 있는 시간 여행자에게는 이 시기를 추천합니다. 육지에는 살아 움직이는 생물과 그늘을 드리우는 나무가 있습니다. 그리고 먹을 만한 식물도 있습니다. 다행히 당신을 잡아먹을 만큼 큰 동물은 아직 없습니다. 곤충이 등장하려면 아직 7,000만 년이나 더 남았기 때문에 지내기 나쁘지 않은 시대입니다.

그러나 시기를 잘 잡아야 합니다. 이제 곧 날씨가 추워질 테니까요. 육지에는 나무가 우거졌지만, 아직 죽은 나무를 분해할 유기체가 없습니다. 나무가 죽어도 이산화탄소로 분해되어 대기로 돌아가지 못하지요. 대기 중에 적당한 이산화탄소의 균형은 지구의 기온을 위해 중요합니다. 이산화탄소가 부족하면 대기의 온실효과가 줄어들어 지구온난화의 반대인 '빙하기'가 찾아옵니다.* 다행히 다음 빙하기는 몇십만 년이

---

* 이때 썩지 못한 나무들이 오늘날 화력발전소에서 연료로 사용하는 석탄이 되었습니다. 당시 방출되지 못해 빙하기까지 일으켰던 이산화탄소가 이제야 대기로 방출되면서 지구온난화를 일으키는 셈이지요.

지나서야 찾아올 겁니다.

따라서 이 시대가 여행하기에 제일 좋습니다. 숨 쉴 수 있는 공기, 풍성한 먹거리, 쉼터가 되는 나무가 있습니다. 그리고 무엇보다 모기가 없으니까요.

3억 년 전 최대 35퍼센트에 이르는 엄청난 양의 산소가 대기를 차지합니다. 오늘날의 21퍼센트에 비하면 대단히 많은 양이지요. 그 결과 거대 곤충이 등장하게 되었습니다.* 갈매기 크기의 포식성 잠자리, 2.4미터짜리 지네, 90센티미터짜리 전갈, 거대한 바퀴벌레 말입니다. 벌레를 싫어한다면 이 시기는 피하는 것이 좋겠습니다.

2억 5,000만 년 전 최악의 시대를 찾아오셨습니다. 이보다 5,000만 년 전후로 왔다면 완벽했을 텐데요. 이 시기에 지구상에 존재했던 해양 생물의 96퍼센트와 육상동물 70퍼센트가 죽어나갔습니다. 기록상 가장 피해가 큰 대멸종이 일어났지요. 지구가 생물 다양성을 회복하는 데 1,000만 년 이상 걸릴 겁니다.

과학자들은 무엇이 대멸종을 일으켰는지 확실히 알지 못합니다. 거대 화산 활동으로 홍수 현무암flood basalt이라는 용암이 인도만큼이나 넓은 지역을 뒤덮고, 이산화탄소가 대량으로 분출되면서 대기의 조성을

---

* 곤충은 큐티클이라고도 알려진 표피층에서 산소를 흡수하기 때문에, 표면적과 부피의 비율이 지나치게 낮으면 필요한 만큼 산소를 얻을 수 없습니다(부피가 커질수록 상대적으로 표면적은 작아진다-옮긴이). 그러나 대기 중 산소 농도가 높으면 이 비율이 낮아져도 문제가 없지요. 그 결과, 개처럼 큰 전갈이 탄생합니다.

바꾸었기 때문이라고 설명하는 사람도 있습니다.

원인이 무엇이건 간에, 대규모 멸종 사태가 벌어지면 언제나 먹이 사슬의 맨 윗자리가 가장 심한 타격을 입습니다. 바로 인간이 자리 잡은 곳이지요. 이 시기에는 당신이 먹을 만한 것이 없습니다. 또한, 멸종의 원인이 화산 활동이라면 대기에는 분명 흥미로운 현상이 진행 중일 겁니다. 미안하지만 대규모 화산 활동으로 인한 당신의 죽음이 예상됩니다.

2억 1,500만 년 전 이때 지구에 처음으로 공룡이 등장해, 이후 1억 5,000만 년 동안 지구를 누빕니다. 상대적으로 몸놀림이 둔한 인간에게 는 위험한 시기이지요. 티라노사우루스*Tyrannosaurus rex*는 1억 5,000만 년 이 지난 후에야 진화하겠지만, 그렇다고 당신이 안전하다는 뜻은 아닙니다. 포스토수쿠스*Postosuchus* 라는 대형 악어가 돌아다니다가 당신을 본다면 몹시 잡아먹고 싶어 할 테니까요. 코엘로피시스*Coelophysis* 라는 초대형 하이에나 유형의 공룡도 마찬가지입니다.

다행히 염려할 만한 거의 모든 포식자가 땅에 사는 먹잇감에만 집 중할 겁니다. 날개 달린 프테로사우루스*Pterosaurs* 와 프테라노돈*Pteranodon* 은 몸집이 작은 동물에 관심을 쏟을 테고요. 그러므로 가능한 한 나무 위에서 시간을 보내는 게 좋겠습니다.

이 시기의 동식물상은 오늘날과는 다릅니다. 예를 들어 식물이 꽃을 피우려면 아직 수백만 년은 더 기다려야 합니다. 그래서 모든 것이 음울해 보입니다.

먹잇감이 필요하다면 물고기를 잡거나 작은 동물을 사냥해서 먹을 수 있습니다. 단백질을 섭취하려면 알을 훔치면 됩니다. 단, 그 어미를 조심하세요. 어떤 식물은 먹어도 되지만 조심해야 합니다. 독성이 있을 지도 모르니까요. 따라서 확실하지 않다면 다음과 같이 확인합니다. 한 번에 한 식물의 한 부분씩 시도합니다. 한꺼번에 너무 많이 먹지 말고, 먹고 난 후 속이 좋지 않으면 되도록 빨리 게워내도록 합니다.

요약하자면 민첩한 몸놀림, 신중한 먹거리 선택, 쓸 만한 나무 요새 만 있다면 가망이 있습니다.

6,500만 년 전 유카탄Yucatan 반도만은 피하세요. 멕시코의 한 귀퉁이 에 있는 이 반도를 향해 돌진하는 커다란 운석이 있습니다(운석에 의한 죽음에 관해서는 49쪽의 자세한 설명을 참조하세요). 사실 이 시기는 아예 피하는 것이 좋습니다. 운석이 떨어지면 설사 지구 반대편에 있더라도 죽음을 피하기 어렵기 때문입니다.

320만 년 전 이 시기는 호모 사피엔스의 선조 중에서도 가장 유명 한 루시Lucy의 세상입니다. 이때 우리 선조들이 나무에서 내려오기 시작 했습니다. 당신에게 좋을 수도, 나쁠 수도 있는 사실입니다. 이 시기가 인간이 살아남을 만한 환경이라는 사실은 확인했지만, 초기 인류가 당 신을 공격할 가능성이 매우 크기 때문입니다. 루시는 당신보다 키는 작 지만 상당히 강인합니다. 1대1 싸움이라면 열세를 면치 못할 겁니다.

당신은 여전히 먹이사슬의 중간 자리를 차지합니다. 검치호랑이와 같은 대형 포식자가 돌아다니는 덕분입니다. 루시와 그녀의 종족은 무리를 지어 살아남았습니다. 그러나 당신이 선택할 수 있는 사항은 아닐 겁니다. 그러니 당신의 동족인 휴머노이드에게 친절하게 대하세요. 그들의 도움이 당신에겐 유일한 희망일 테니까요.

당신의 타임머신이 과거뿐 아니라 미래로도 갈 수 있다면, 아마 먼 미래의 시나리오를 엿보고 싶겠지요. 우리는 먼 미래에 어떤 일이 일어날지 어느 정도는 예측할 수 있습니다. 별로 기분 좋은 미래는 아니지만요. 다음은 당신이 미래로 여행을 떠났을 때 일어날 일들입니다.

10억 년 후 태양은 아주 서서히 뜨거워집니다. 왜 그럴까요? 태양의 중심에 있는 수소 연료가 모두 소진되고 나면, 핵반응이 태양의 표면으로 이동하기 시작합니다. 이곳에는 압력이 덜하므로 태양이 팽창합니다. 표면 온도가 조금 내려갈지는 모르지만, 태양이 팽창하면서 표면적이 넓어지고 열기가 심해지면 결국 지구가 폭발할 겁니다.
이런 현상은 매일매일 관찰하는 것으로는 알아채기 힘듭니다. 그러나 1억 년이 지난 뒤에 보면 분명 지금과는 다른 점이 있을 겁니다. 10억 년 뒤에는 지구의 평균 기온이 현재의 16도에서 46도로 올라갈 겁니다. 너무 뜨거워서 바다가 끓어오르기 시작하겠지요.
공기가 건조하다면 46도에서도 몇 시간 정도는 버틸 수 있겠지만, 지구의 모든 물이 증발하면서 공기가 극도로 습해집니다. 다시 말해 지구는 거대한 사우나가 됩니다. 당신은 그곳에서 기껏해야 몇 분밖에 버티지 못할 겁니다.

50억 년 후 엄청나게 커진 태양이 수성을 집어삼킬 것이므로 석양이 매우 특별해 보입니다. 안타깝게도 석양을 즐길 시간이 몇 초밖에 없겠지만요. 지금 당신이 태양을 향해 팔을 뻗는다면 새끼손가락으로도 태양을 가릴 수 있습니다. 하지만 30억 년이 지나면 손에 수박을 들고 있어야 겨우 태양을 가리게 될 겁니다. 50억 년이 지났을 때는 태양이 하늘 전체를 메울 정도로 커지는데, 그건 별로 좋은 징조가 아니지요.

75억 년 후 아마도 우주에서 볼 수 있는 가장 아름다운 이미지는 행성상 성운planetary nebula일 겁니다. 행성상 성운은 죽어가는 별이 기체로 된 껍질을 토해내면서 멋진 불 쇼를 보여줄 때 나타납니다. 그러나 불꽃놀이처럼, 행성상 성운도 멀리서 볼 때 가장 잘 즐길 수 있습니다. 태양이 마지막 쇼를 보여주는 지금 지구에 있다면, 당신은 너무 태양에 가깝습니다. 말 그대로 '치명적인' 아름다움이겠네요.

꼼짝도 못 할 만큼
수많은 인파에 갇힌다면?

미국의 SF작가 아이작 아시모프Isaac Asimov는 인구가 계속 이렇게 기하급수적으로 증가한다면 수천 년 안에 지구는 살덩어리로 다져진 공이 되어 우주를 향해 빛의 속도로 확장할 것이라고 말했습니다. 흥미롭긴 하지만 이 가설에는 문제가 있습니다. 대규모 록 콘서트에서 쉽게 겪을 수 있는 문제지요. 바로 인파입니다.

'인파가 쇄도한다'는 말을 들으면 아마 당신은 아프리카 초원 지대를 장악하고 뛰어다니는 한 떼의 누처럼 사람들이 몰려다니는 모습을 상상할지도 모릅니다. 그러나 누 무리의 이동은 실제 사람들이 우르르 몰려다니는 모습과는 다릅니다. 그리고 수많은 인파가 몰려드는 장소가 위험한 이유와도 상관없지요.

가장 위험한 상황은 군중이 몰려다닐 때가 아니라, 군중 속에 갇혀 꼼짝도 못 할 때입니다. 사람이 모여드는 행위는 전형적으로 공포가 아닌 '열정'을 의미합니다. 다시 말해, 원하는 무언가를 향해 움직이는 것이지 원치 않는 무언가로부터 도망치는 것이 아니라는 뜻입니다.

당신이 인파에 갇힌다면 곧 몇 가지 문제에 직면하게 될 겁니다. 첫 번째는 바로 인간에게 부족한 페로몬입니다.

군중이 밀집한 곳에는 위험이 도사리고 있습니다. 하나의 종으로서 인간은 집단 이동을 할 때 어려움을 겪습니다. 개미가 집단 이동에 최적화되어 있는 것과는 다르지요. 개미들이 행진할 때는 무리의 선두에 있는 개미가 페로몬을 방출해 뒤에 있는 개미와 의사소통을 합니다. 길이 막히면 페로몬을 통해 뒤에 있는 개미들에게 다른 길로 가라고 전달할 수 있습니다.

인간에게는 이런 페로몬이 없습니다. 무리 중 누군가 넘어져도, 뒤에서 몰려오는 무리에게 멈추라는 신호를 줄 수 없습니다. 덩치가 크고 조밀한 무리 안에서 이러한 집단 의사소통의 부재는 심각한 문제를 일으킵니다.

그러면 집단을 크고 조밀하게 만드는 것이 무엇일까요? 군중의 규모가 정말 '군중'이라고 부를 만큼 크다면, 당신은 그로 인해 죽을 수도 있습니다. 그러나 이 이야기는 나중에 하겠습니다. 더 중요한 요인은 조밀함, 즉 밀도입니다. 군중의 밀도는 약 1제곱미터의 면적 안에 있는 사람의 수로 측정합니다.

1제곱미터는 경찰이 살인 사건 현장에서 분필로 피해자의 윤곽을 표시하는 정도의 넓이를 말합니다. 상상 속의 분필 선 안에 들어가 있는 사람의 수가 군중 전체의 평균 밀도에 해당한다고 생각하면 됩니다.

평균 밀도가 2명이면 나름대로 사람이 많이 모여 있다고 봅니다. 약간의 부딪힘은 있지만, 충분히 걸어 다닐 만합니다. 밀도가 2배로 늘어나서 4명이 되면 빽빽한 군중에 해당합니다. 이리저리 부딪히고 섞이지만 그래도 사람들은 여전히 자유롭게 움직일 수 있습니다.

1제곱미터의 넓이에 6명이 있으면 위험해지기 시작합니다. 옆 사람과 계속 몸을 맞대고 있어야 하고 움직이는 게 거의 불가능합니다. 밀도가 7명이면 보통 크기의 엘리베이터에 21명이 꾸역꾸역 들어가는 것과 비슷합니다. 출퇴근 시간의 지하철과도 비슷하겠네요. 이 상태에서는 군중의 밀도가 끔찍한 수준입니다.

이 정도의 밀도라면 군중은 더 이상 인간 집단이라기보다는 흐르는 물처럼 움직입니다. 사람이 점점 늘어남에 따라 뒤에서 밀려오는 사람들이 만들어낸 파도가 더 빠르게 군중 속을 지나갑니다. 심지어 인파로 인해 발이 들린 채로 파도가 움직이는 곳이면 어디로든 옮겨갑니다. 옆사람이 넘어지면 붙잡을 데가 없어 함께 넘어질 겁니다. 그러면서 그 위로 도미노 쓰러지듯 넘어지는 사람들이 첩첩이 쌓이게 되지요.

종교 축제, 스포츠 이벤트, 콘서트와 같은 전형적인 집회에서 사람들 사이의 친근한 부딪힘은 순식간에 위험한 응집으로 변할 수 있습니다. 눈 깜짝할 사이에 팔을 올릴 수도, 빠져나갈 수도 없이 인파에 갇혀 속수무책이 되지요.

이런 상태에서 넘어지는 것은 당연히 위험합니다. 그러나 위험은 넘어졌을 때만 찾아오는 게 아닙니다. 두 발을 땅에 딛고 서 있더라도 양쪽에서 밀려오는 사람들 때문에 발이 묶인 채, 양쪽에서 누르는 압력에 몸이 찌부러질 수도 있습니다. 이처럼 군중이 가진 역동적인 힘의 변화 때문에 당신은 잠깐 사이에 위험에 처할 수 있습니다.

평범한 사람이 물체를 미는 힘은 최대 23킬로그램 정도입니다. 그러나 만원인 엘리베이터에서처럼, 겨우 네댓 명이 밀고 들어올 때는 불편하기는 해도 그렇게 위험하지는 않습니다. 사람이 많이 모여 있는 곳이라고 해도 대체로 있는 힘을 다해 옆 사람을 미는 일은 별로 없으니까요. 보통 2~5킬로그램의 힘을 사용하지요. 그러나 좁은 공간에 수천 명이 모여 있는 상황이라면 미는 힘이 가파르게 올라가면서 가로막을 치명적으로 죄어올 수 있습니다.

숨을 쉬려면 가슴을 수 센티미터 확장시켜야 합니다. 다행히 가로막은 매우 튼튼합니다. 건강한 사람은 가슴에 무려 180킬로그램의 물체를 올려놓고도 이틀이나 숨을 쉬며 버틸 수 있습니다.* 불행히도 군중 속에서는 가로막을 누르는 압력이 너무 셉니다. 군중이 미는 힘 때문에 수천 킬로그램을 지탱하도록 설계된 강철 장벽이 반으로 구부러진 것을 본 사람들도 있습니다.

밀도가 1제곱미터에 7명이라면 가히 치명적입니다. 그러나 이것은 전체 군중의 평균 수치일 뿐입니다. 어떤 지점에서는 밀도가 10명 이상을 기록하며 사람을 죽일 수도 있습니다. 그렇게 많은 사람이 서로 몸이

---

* 1692년, 식민지 시대 미국의 자일스 코리Giles Corey라는 사람이 불법적인 주술을 시도한 죄로 가슴에 180킬로그램짜리 돌을 올려놓는 형벌을 받았습니다. 그가 질식해 숨을 거둘 때까지 이틀이 걸렸습니다. 코리가 남긴 마지막 말은 "돌을 더 올려주시오"였다고 합니다.

찌부러지도록 눌러대려면 어지간한 힘이 아니고는 불가능합니다. 일반적인 엘리베이터에 28명이 구겨져 타는 것과 같지요. 하지만 이 수치는 엘리베이터 문이 닫히는 순간 몇 명이 억지로 몸을 밀어 넣는 상황과는 다릅니다. 수천 명이 뒤에서 밀든지, 아니면 불도저가 필요할 겁니다.

사람들이 모인 한가운데에 있다가 양쪽에서 밀려오는 인파에 갇혀 꼼짝도 못 하거나, 또는 넘어지는 바람에 6명 이상이 도미노처럼 몸 위로 쓰러진다면, 그것은 이미 만원이 된 엘리베이터를 뒤에서 불도저로 미는 것과 같습니다. 450킬로그램이 넘는 힘이 가로막을 짓눌러, 당신은 숨 한 번 제대로 들이마시지도 못하고 죽을 겁니다.

약 90센티미터 깊이의 물속에 들어가 빨대로 숨을 쉴 때 가슴이 느끼는 힘이 450킬로그램입니다. 하지만 당신이 굳이 이 시련을 상상해볼 필요는 없습니다. 어차피 불가능하거든요. 사람들 속에서나, 물속에서나 450킬로그램의 힘이 가슴을 짓누른다면 당신은 15초 만에 정신을 잃을 겁니다. 그리고 그 상태로 4분이 지나면 영구적인 뇌 손상을 입고 죽습니다.

결론을 말하자면 아이작 아시모프는 틀렸습니다. 우리는 이제 누구도 가슴 위에 6명이 올라가 있으면 살아남을 수 없다는 것을 배웠습니다. 그래서 지구의 인구는 수천 명이 겹겹이 쌓여 빛의 속도로 우주를 향해 확장하는 공이 될 수 없습니다. 사람은 6명 이상 쌓아놓을 수 없으니까요.

블랙홀로 뛰어든다면?

천체물리학자 닐 더그래스 타이슨Neil DeGrasse Tyson은 블랙홀로 뛰어
드는 것이야말로 우주에서 가장 멋지게 죽는 방법이라고 믿었습니다.
우주에서 죽는 방법이 꽤 여러 가지 있다는 점을 고려하면(실제로, 죽는
방법 중에 우주에서만 가능한 것들이 있습니다. 절대 죽지 않는 곳을 찾는 것
이야말로 진정 멋진 일일 텐데 말이지요), 블랙홀에서 무언가 특별한 일이
일어나기는 하나 봅니다.

그렇다면 블랙홀이란 정확히 무엇일까요? 블랙홀이 생성되는 과정
을 간단히 설명해보겠습니다.

1. 블랙홀은 원래 태양보다 10배 이상 큰 별이었습니다.
2. 이 별이 자신이 가진 모든 연료를 소진합니다. 이 과정에 엄청난

시간이 소요됩니다.

3. 별의 중심에서 핵반응이 전혀 일어나지 않게 되면, 별은 자신의 중력을 버티지 못해 바깥에서부터 빛의 4분의 1 속도로 무너지기 시작합니다.

4. 별이 붕괴하는 것을 보게 된다면 재빨리 도망쳐야 합니다. 표면에서 발생한 충격파가 철로 이루어진 별의 중심을 때리고, 다시 표면으로 되돌아가기까지 몇 시간은 걸릴 겁니다. 그러고 나면 별이 폭발하는데, 이 순간 1,000억 개의 별을 가진 은하계 전체에 해당하는 에너지를 방출합니다.

5. 폭발이 끝나고 남은 부분은 중력을 받아 수축하면서, 아주 작지만(샌프란시스코 크기) 어마어마한 질량(태양의 5배)을 가지게 됩니다. 이것의 중력이 끌어당기는 힘이 너무 커서, 빛의 속도보다 빨라야만 중력권에서 탈출할 수 있게 됩니다. 이것이 바로 블랙홀이지요.

그렇다면, 블랙홀로 뛰어 들어가면 어떤 일이 생길까요? 우선 말해두지만, 이 결정은 번복할 수 없습니다. 블랙홀에서 빠져나오려면 사건의 지평선event horizon(블랙홀의 바깥 경계를 부르는 말-옮긴이)을 건너야 하는데, 그러려면 빛의 속도보다 빨리 움직여야 합니다. 물론 당신에게는 불가능한 일이지요.

지금까지 인간이 만든 가장 빠른 물체는 무인 태양탐사선 헬리오스Helios입니다. 태양 주위에서 슬링 샷을 이용해 가속되었을 때 순간 최대 속도가 시속 252,792킬로미터를 기록했습니다. 굉장히 빠른 속도이긴 하지만 광속의 0.02퍼센트에 불과합니다. 아인슈타인이 가능하다고 말한 것보다 더 빨리 가는 방법을 찾지 않는 한, 블랙홀에서의 죽음은 피할 수 없습니다.

그러나 죽음의 방식은 어떤 블랙홀로 점프하느냐에 따라 달라집니다. 첫 번째 후보는 작은 항성질량 블랙홀stellar-mass black hole입니다. 항성질량 블랙홀로 뛰어들면 다음과 같은 일이 일어날 겁니다.

일단 우주선에서 발을 떼면 블랙홀로 자유 낙하를 시작합니다. 그러나 일반적인 자유 낙하와는 다른 점이 있습니다. 항성질량 블랙홀의 '사건의 지평선'에 도달할 때면, 빛의 속도에는 미치지 못하지만 대략 초속 30만 킬로미터의 빠르기가 됩니다.

놀랍게도 당신은 괜찮을 겁니다. 정상적인 경우라면 빛의 속도로 우주를 여행하는 것은 바람직하지 않습니다. 그러나 정작 이런 여행이 위험한 이유는 속도나 가속도가 아니라 충돌입니다. 우주는 완전한 진공 상태가 아니므로, 우주에 떠다니는 아주 작은 입자라도 이렇게 빠른 속도로 움직일 때는 골칫덩어리가 됩니다. 곳곳에 흩어져 있던 수소 원자들이 빛의 속도에 가깝게 움직이는 당신의 몸에 총알처럼 부딪혀 원자를 파괴합니다. 몸이 산산이 조각나고 원자핵이 깨져버리지요. 당연히 치명적입니다.

하지만 블랙홀의 주위는 대체로 순수한 진공 상태입니다. 그래서 죽을 정도로 수소 원자에 부딪히지는 않을 겁니다. 주위가 궤도를 선회하는 기체로 둘러싸인, 지저분한 블랙홀로 뛰어들지만 않으면 됩니다.

적절한 블랙홀을 선택했다면 광속에 가까운 가속력을 받더라도 이동이 순조롭게 이루어질 겁니다.

그러나 블랙홀에 가까워지면서 극적으로 증가하는 중력의 힘 때문에 당신의 몸이 늘어납니다. 낙하 시 '새우 자세(등을 구부려 팔과 다리가 가까워지는 자세)'를 유지했다고 가정할 때, 블랙홀이 머리를 잡아당기는 힘이 머리가 발을 끌어당기는 힘보다 더 세서 머리와 발 사이가 아주 멀리 늘어날 겁니다.

처음 아주 잠깐은 기분이 좋을지도 모릅니다. 마치 지압사가 마사지로 척추를 부드럽게 늘려주는 것처럼 말이지요. 그러나 금세 불편함을 느끼며 자신이 어떤 위험에 처했는지 깨닫게 됩니다.

몸의 양방향으로 가해지는 조석력Tidal force이 커지면 마치 서로 반대 방향으로 움직이는 두 기차 사이에 팔다리가 묶인 것처럼 몸이 찢어집니다.* 인체에서 가장 약한 부분인 배꼽에서부터 파열이 시작될 겁니다. 배꼽 부근은 척수와 부드러운 살밖에 없기 때문입니다. 하체에는 치명적인 기관이 없고, 과다출혈로 죽기까지도 시간이 걸리므로 당신은 여전히 숨이 붙어 있을 겁니다. 아주 잠깐이요.

그러나 블랙홀의 중심을 향할수록 조석력은 점점 더 커져서 몸의 남은 부분까지도 계속 찢겨나갈 겁니다. 속도를 높여 중력 특이점(엄청난 중력으로 인해 시공간을 포함한 모든 것이 사라지는 지점-옮긴이)으로 돌

---

* 중세 시대에 거열형이라는 형벌이 있었습니다. 기차 대신에 말을 사용해 사지를 묶고 사방으로 잡아당겼지요. 그러나 말은 블랙홀만큼 힘이 세지는 않기 때문에, 망나니의 힘을 빌려야 할 때도 있었습니다.

진하는 머리만 남을 때까지 말이지요. 물론 그 이후에는 머리 역시 산산조각이 나겠지만요.

이 과정은 눈 깜짝할 사이에 일어나므로, 그 단계를 일일이 확인하려면 느린 동작으로 돌려 보아야 합니다. 맨눈으로 보면 당신은 그저 순식간에 자취를 감추는 것으로 보일 테니까요. 그러나 이후에는 더 끔찍해집니다.

블랙홀의 중력은 당신의 몸을 잡아당길 뿐 아니라 수축시키기도 해서, 마치 궁극의 코르셋을 입은 것처럼 몸을 죄어올 겁니다. 마침내 중력의 힘이 몸속 화학결합의 결속력을 넘어서면 당신의 몸뿐만 아니라 몸을 구성하는 분자들까지 모두 떨어져 나가게 될 겁니다. 그리고 당신이 중력 특이점을 향해 속도를 올리는 원자들의 행진이 될 때까지 당신을 질질 끌고 갈 겁니다.

블랙홀에서는 빛이 탈출하지 못합니다. 그래서 가상의 중력 특이점이 어떻게 생겼는지, 혹은 당신이 그 안에서 어떤 모습일지 알 도리가 없습니다. 그러나 블랙홀 어디에 어떤 형태로 있든, 이곳이 당신의 영원한 안식처가 되지 않을 것이라는 점은 알고 있습니다. 블랙홀이 완전히 증발할 때까지 내부에서 호킹 방사선이 새어 나오기 때문입니다. 그래서 수십억 년 이후의 어느 시점에, 남아 있는 당신의 몸 일부가 광자의 형태로 발산되어 사건의 지평선 밖으로 모습을 드러낼 겁니다.*

---

*여기서부터 상황이 정말로 복잡해집니다. 우리는 앞서 빛의 속도보다 빠르지 않으면 블랙홀에서 탈출할 수 없다고 말했습니다. 그것은 사실입니다. 또한, 아인슈타인 덕분에 우리는 질량이 있는 것 중에 빛보다 빠른 것은 없다는 사실도 알고 있습니다. 여기서 모순이 일어납니다. 어떻게 방사선은 블랙홀에서 벗어날 수 있는 것일까요? 답은, 플래시 드라이브에서 파일을 꺼내는 것

이제 맨 처음으로 다시 돌아가, 당신에게 마음을 바꿀 단 1번의 기회를 주었다고 합시다. 소규모 블랙홀에 뛰어드는 대신 이번엔 초대질량 블랙홀supermassive black hole에 뛰어듭니다. 여전히 당신의 죽음은 확정되었지만, 여기엔 좀 더 흥미로운 부분이 있습니다.

초대질량 블랙홀의 중력은 서서히 증가하기 때문에 당신은 아마도 살아서 사건의 지평선을 넘게 될 겁니다. 그다음에 일어날 일이 의문 덩어리지요. 빛이 블랙홀 밖으로 빠져나올 수가 없으므로 그 안에서 어떤 일이 일어나는지도 알 수 없습니다. 빛이 반사해 튕겨 나오지 않으므로 그 안을 볼 수가 없지요. 사건의 지평선을 넘어서는 우주선은 모조리 사라지고 어떤 신호도 전송되지 않을 겁니다.

그러나 여전히 추측은 해볼 수 있습니다. 당신은 앞에서와 같은 방식으로 죽음을 맞이할 겁니다. 블랙홀 중심의 중력 특이점에서 시작하는 조석력에 의한 국수 효과로 스파게티처럼 길게 늘어나 죽는 것이지요. 그러나 여전히 사건의 지평선 너머에서 살아 있었으므로 당신의 마지막 순간은 조금 다르게 진행될 겁니다.

당신의 눈에 블랙홀 바깥의 우주선에 있는 동료들이 보일 겁니다. 그러나 시야가 불완전합니다. 모든 것이 뒤틀려 보이지요. 블랙홀 속에서는 당신의 몸뿐 아니라 빛조차 굽고 찌부러지기 때문입니다. 그래서

과 같은 방식으로 일어납니다. 플래시 드라이브의 전자는 에너지 우물에 저장되어 있습니다. 전자는 '터널 효과tunneling'로 알려진 양자역학 프로세스에 의해 우물로 들어가고 나옵니다. 전자는 우물 안과 밖 사이의 공간을 직접 통과하지 않은 채 우물 안에서 사라진 뒤 우물 밖에서 나타납니다. 같은 방식으로 입자가 사건의 지평선을 통과하지 않고서도 블랙홀 안에서 사라졌다가 밖에서 나타날 수 있습니다. 나쁜 소식은, 당신이 블랙홀로 뛰어 들어가면 당신 몸의 모든 원자가 티끌처럼 흩어질 것이라는 점입니다. 좋은 소식은? 순간이동을 배울 수 있다는 점이지요.

블랙홀 안에서 바깥의 우주를 보는 것은 작은 구멍으로 별을 바라보거나 물속에서 물 밖의 세상을 보는 것과 같습니다. 별과 행성 모두 터널 시야로 압축되어 보일 겁니다.

당신은 어떻게 될까요? 국수 가닥처럼 늘어난 뒤 끊어지고 원자보다 작은 입자로 압축되어 죽게 되겠지요.

침몰하는 타이태닉 호에서
구명보트에 타지 못했다면?

당신이 1912년 첫 항해를 떠나는 타이태닉Titanic 호에 오르게 된 운 좋은 2,228명 중의 하나라고 합시다. 당신은 기꺼이 (오늘날의 화폐 가치로) 30만 원이 넘는 돈을 주고 3등실 티켓을 샀습니다. 그리고 아프리카로 향하는 유럽의 엘리트들이 머문 층 아래에 타는 특권을 누리게 되었지요. 하지만, 당신도 익히 들어 알고 있으리라 생각합니다. 이 여행의 끝은 좋지 않았습니다.

배가 빙산에 부딪혀 침몰하기 시작하면 승객이 구명보트로 이동할 수 있는 시간은 약 2시간 정도입니다. 물론 구명보트의 수는 탑승자 전원을 태울 만큼 충분하지 않지요. 당시 3등실에 있던 여성들 중 절반 이상이 구조되지 못했고, 남성은 겨우 16명만이 목숨을 건졌습니다. 3등실에 있던 당신은 아마 구명보트에 올라타지 못하고 북대서양 한복판에 떨어질 가능성이 큽니다.* 그다음에는 어떤 일이 일어날까요?

바닷물에서는 염분 때문에 수온이 어는점 이하로 떨어집니다. 북대 서양에서 타이태닉 호가 침몰한 지역의 수온은 영하 2도 정도입니다. 그리고 물은 밀도가 높아서 매우 효과적으로 체온을 낮춥니다. 당신은 세상에서 가장 위험한 물속에 빠진 셈이지요. 지금 당신은 불과 몇 분 전 타이태닉 호 갑판에 있을 때보다 무려 800배나 조밀하게 압축된 분 자에 둘러싸여 있습니다. 그 말은 영하 2도의 '공기'에서보다 영하 2도 의 '물속'에서 몸이 25배나 더 빨리 차가워진다는 뜻입니다.

물에 빠진 후 몸이 급속도로 차가워지면, 그에 대한 반응으로 제일 먼저 크게 숨을 들이마시게 됩니다. 이때 머리가 물속에 있다면 폐에 물 이 들어갈 위험이 있습니다. 폐에 물이 차는 것은 수온에 상관없이 위험 합니다. 그래서 물에 빠지면 제일 먼저 수면 위로 머리를 들어 올린 상 태를 유지해야 합니다. 할 수만 있다면 구조될 때까지 내내 그러는 게 좋겠지요.

추위를 제외하고 다음으로 느끼는 감각은 두통입니다. 당신이 생활 속에서 일찌감치 배운 교훈 중 하나가 아마 두통의 형태로 찾아왔을 겁 니다. 차가운 밀크셰이크를 처음으로 마시던 순간에 말이지요. 너무 빨 리 들이킨 나머지 뇌가 어는 것처럼 차가워진, 또는 적어도 그렇게 느 껴진 적이 있지 않나요? 사실은 입천장을 따라 흐르는 신경이 얼어버린 겁니다. 그때 뇌는 과도하게 반응해 두뇌 전체가 얼고 있다고 생각합니

---

*비싸긴 했으나 이 여행에서는 1등실 티켓(오늘날의 200만 원에 가깝습니다)이 제값을 했습니다. 1등 실 승객 중 97퍼센트의 여성과 32퍼센트의 남성이 목숨을 구했으니까요.

다. 그래서 따뜻한 혈액을 집중적으로 공급하는데 그 과정에서 뇌가 부풀어 오릅니다. 뇌는 커지는데 두개골의 크기는 그대로이므로 고통이 생기지요. 그 결과가 바로 소위 '아이스크림 두통'입니다.

비슷한 일이 차가운 물속에서도 일어납니다. 비록 이 경우에는 착각이 아니라 정말로 뇌가 얼고 있는 것이겠지만요. 뇌에 따뜻한 피가 몰려들어 크게 부풀어 오르는 바람에 지독한 두통이 느껴질 겁니다. 그다음 30초 동안 냉수 쇼크를 겪으며 과도하게 숨을 헐떡거리게 됩니다.

과호흡이 오래 지속되면 혈액에서 이산화탄소를 너무 많이 제거해 혈액의 산성도를 떨어뜨립니다. 혈액의 산성도가 지나치게 낮아지면 기절합니다. 물에 떠 있는 도중에 의식을 잃는 것은 바람직하지 않지요.

만일 정신을 차릴 수 있다면 다음으로 겪을 일은 근육의 경련입니다. 오한이라고도 하지요. 오한은 근육을 사용해 몸을 따뜻하게 하려는 신체의 본능적인 시도입니다. '뇌의 꼭두각시가 되고 싶지 않아!'라고 생각하더라도 몸이 제멋대로 움직이지요.

안타깝게도 오한이 오면 근육은 자신이 원래 해야 하는 일을 하지 못합니다. 신체의 움직임을 조정하는 일 말입니다. 집에서 보일러를 틀고 따뜻해질 때까지 기다리는 중이라면 괜찮지만, 얼음처럼 차가운 물속에 빠진 상황이라면 근육이 정상적으로 움직여 당신을 곤경에서 구출해야 합니다. 그런데 근육이 제멋대로 경련을 일으키는 상황에서는 그러기가 쉽지 않지요.

쇼크와 오한 모두 과잉반응의 일부입니다. 당신을 살리기 위해 진화된 신체의 '투쟁-도피 반응fight-or-flight response'이 엉뚱하게 작동하는 것이지요. 훈련을 통해 이런 과도한 반응을 억누를 수는 있지만, 아무리 훈련을 거듭해도 피할 수 없는 몇 가지 생리 변화가 있습니다.

우선 동맥이 크게 수축하기 때문에 심장은 좁은 혈관을 통해 피를 내보내기 위해 과도하게 일을 합니다. 한편 뇌는 우선순위를 따져 팔다리로 흐르던 따뜻한 피를 모두 중요한 내장 기관으로 돌립니다. 몸의 근육과 신경 섬유는 체온에서 가장 잘 움직이도록 설계되었으므로 저온에서는 팔다리가 쉽게 마비됩니다. 신경이 차가워지면 근육은 힘을 잃고 팔다리는 감각을 잃습니다. 결국 추운 곳에서 발가락이 어는 이유는 뇌가 발가락을 소홀히 하기 때문으로 볼 수 있습니다.

영하의 물속에서 손과 발이 점점 마비되면서 15분 이상 지나면 팔다리가 감각을 잃습니다. 헤엄치기에 좋지 않은 상황이지요. 차가운 물속에서 사람들이 목숨을 잃는 이유는 대체로 저체온증이 아니라 익사하기 때문입니다. 구명조끼를 입지 않은 당신이 바로 그렇게 될 겁니다. 반면 나무판자처럼 뜰 것을 붙잡고 있다면 놀랄 정도로 오래 살아남을 수 있습니다. 얼음장처럼 차가운 물속에서도 말입니다.

이는 우리 몸을 감싼 살이 훌륭한 단열재 역할을 하기 때문입니다. 그러나 단열에 못지않게, 우리 몸은 효과적으로 열을 생성하기도 합니다. 지금도 당신은 몸속의 난방 장치를 이용해 체온을 37도로 유지합니다. 일단 얼음물에 빠지면 체온이 낮아지겠지만, 생각보다 이 과정이 훨씬 천천히 진행됩니다. 체온이 32도 이하로 떨어지는 데 (단열 상태에 따라) 30~60분 정도 걸립니다. 이쯤 되면 의식을 잃지요. 이번에도 당신이 현재 물에 떠 있다는 사실을 고려하면 의식을 잃는 일은 절대 바람직하지 않습니다. 그러나 당신이 뜨는 물체를 붙잡고 있고 머리가 물 밖으로 나와 있다면 여전히 가망이 있습니다.

물속에 빠진 지 약 30분이 지나면 일반적인 저체온증 이상을 겪습니다. 오래 머무를수록 더 위험하지요. 45~90분이 지나면 체온이 25도까지 떨어지면서 심장마비가 올 수 있습니다. 심장마비가 오면 대개 사망으로 이어지지만, 이 경우에는 여전히 가능성이 있습니다.

이때 당신의 심장은 방전된 자동차 배터리와 비슷합니다. 점프 스타트로 되살릴 수 있지요. 당신이 정말 걱정해야 할 부분은 뇌입니다. 뇌 세포가 전기 신호를 받지 못하면 영원히 죽어버립니다. 그런데 알 수 없는 어떤 이유로, 뇌 세포는 차가운 환경에서는 산소를 많이 필요로 하지 않습니다.

위험한 심장 수술에 들어가기 전에 의사는 안전 대책으로서 뇌를 차갑게 식힙니다. 일이 잘못되어 환자의 뇌가 산소를 공급받지 못하더라도 뇌가 차가운 상태라면 문제를 해결할 시간을 벌어주거든요. 저체온 상태에서 뇌는 산소 없이 20분을 버틸 수 있습니다. 정상적인 상태에서는 고작 4분이지요.

동사했다가 다시 살아난 사람들의 사례를 볼까요? 그중 기록을 보유한 사람은 안나 바겐홀름Anna Bagenholm이라는 스웨덴 스키 선수입니다. 살얼음을 밟고 빠져 물속에 갇혀버린 안나는 공기층을 발견했지만, 물속에서 40분을 버틴 후에 심정지가 왔습니다. 그리고 심장이 정지하고서도 40분이 지나서야 구조되었습니다. 그때 안나의 체온은 약 14도였지요. 그러나 안나는 9시간의 소생술 후에 완전히 회복합니다.

추위로 인해 죽을지도 모르겠지만, 추위 덕분에 다시 살아날 수도 있다는 말입니다. 그래서 의사들은 환자의 몸이 녹아 따뜻해진 후에 사망한 게 아니라면 절대 죽었다고 함부로 단정해서는 안 된다는 말을 한다고 합니다.

이 책이 당신을 죽일 수 있다면?

지금 이 책을 읽고 있는 순간에도, 당신은 치명적인 무기를 손에 들고 있다는 생각은 미처 하지 못할 겁니다. 오히려 무기로 쓰기에 이 책처럼 쓸모없는 물체는 또 없을 거라고 생각하겠지요.

그러나 틀렸습니다. 이 책이 가진 운동에너지, 화학에너지, 원자에너지를 적절히 사용한다면 당신과 이 책을 판 서점, 심지어 당신이 사는 도시 전체를 파괴할 수 있습니다. 그렇다면 어떻게 이 책을 그렇게 무시무시한 파괴 도구로 바꿀 수 있을까요? 우선 이 책의 운동에너지에서 시작해봅시다.

이 책을 높은 곳에서 떨어뜨리는 것으로는 치명적인 에너지를 만들지 못합니다. 엠파이어스테이트 빌딩 꼭대기에서 떨어뜨려도 개미 1마리 다치게 할 정도의 속력도 내지 못합니다.* 엠파이어스테이트 빌딩 꼭대기에서 떨어진 책이 땅에 닿는 순간의 속도는 겨우 시속 40킬로미터로, 당신이 책을 직접 들고 던질 때보다도 느린 속도입니다. 물론 책을 던질 생각은 하지도 마세요. 던져봐야 소용없으니까요. 시속 80킬로미터로 날아가는 책이라도 사람을 다치게는 할 수 있을지언정, 여전히 치명적이지는 않습니다.

그렇다면 이 책을 대포에 넣고 쏜다면 어떻게 될까요? 시속 160킬로미터로 날아가는 책이라면 대략 야구공을 던졌을 때와 같은 힘으로 부딪힐 겁니다. 맞으면 상처를 입긴 하겠지만 그래도 죽이지는 못합니다. 시속 160킬로미터짜리 야구공에 맞아 사람이 사망한 적은 있지만요. 아무튼, 좀 더 에너지를 올려봅시다.

이 책이 음속으로 날아온다면 살을 뚫고 지나가면서 당신을 쓰러뜨릴 겁니다. 팔이나 다리에 맞으면 목숨에는 지장이 없겠지만 가슴에 맞는다면 충격파가 심장을 마비시켜 죽을 겁니다.

이 책의 속도를 마하 10까지 올리면, 시속 160킬로미터의 책이 가졌던 에너지의 5,000배로 당신을 덮칠 겁니다. 책이 날아가는 방향의 공기가 압축, 가열되므로 책은 무려 1,650도의 눈부신 공처럼 날아올 겁니다. 미안하지만 이 책은 완전히 타버리는 대신 1,650도짜리 종이 포탄이 되어 당신의 가슴에 박히겠네요.

---

* 모든 책에 다 해당하는 사항은 아닙니다. 20권으로 된 《옥스퍼드 영영사전Oxford English Dictionary》 2판은 총 무게가 78킬로그램입니다. 이 책을 엠파이어스테이트 빌딩에서 떨어뜨리면 종단속도가 시속 300킬로미터가 넘습니다. 두개골을 부수고 목을 부러뜨리고도 남지요.

좀 더 불을 지펴볼까요? 지금까지 인간의 힘으로 낼 수 있는 가장 빠른 속도는 마하 200입니다. 이 책을 마하 200까지 가속하려면 핵폭탄이 헤어스프레이 역할을 하는 포테이토 캐논potato cannon(감자를 넣어서 쏘는 일종의 사제 총기-옮긴이)을 만들어야 합니다.* 마하 200에서 이 책은 시속 24만 킬로미터 이상으로 날아오는 플라스마 덩어리가 됩니다. 이 속도라면 뉴욕에서 샌프란시스코까지, 아메리카대륙을 가로질러 가는 데 1분 12초밖에 걸리지 않습니다. 이 책에 맞으면 살점과 종잇장이 산산조각 난 채로 뒤엉켜 아수라장이 될 겁니다.

자, 지금까지는 이 책의 운동에너지를 활용했습니다. 그러나 더 강한 효과를 주려면 책이 가진 화학적 성질을 이용해야 합니다. 이 책의 화학에너지에 대해서도 알아볼까요?

이 책을 태우기만 해서는 손을 따뜻하게 하기도 힘들 겁니다. 단순히 불을 붙여서는 이 책이 지닌 잠재적인 화학에너지를 제대로 이용하지 못합니다. 최선의 방법은 사탕의 열량 수치를 측정할 때 사용하는 방법을 따르는 겁니다. 즉, 폭파하는 것이지요.

과학자들이 특정 식품에 들어 있는 열량을 측정하는 방식은 다음과 같습니다. 해당 식품을 완전히 말린 후 갈아서, 그 가루를 순수하게 산소로 채워진 금속 용기에 넣은 후 불을 붙입니다. 식품이 폭파할 때 발

---

*일반적인 포테이토 캐논은 헤어스프레이에 불을 붙여 발사합니다. 지금까지 제작된 가장 큰 포테이토 캐논은 1957년 뉴멕시코주의 로스앨러모스Los Alamos에서 행해진 '버날릴로Bernalillo 지하 핵실험'에서 사용되었습니다. 미군은 지하에서 소형 핵폭탄을 터트리고, 폭탄까지 이어지는 우물을 덮은 커다란 맨홀 뚜껑에 고속 카메라를 설치했습니다. 카메라는 초당 160장의 사진을 찍었지만, 맨홀 사진은 단 1장밖에 건지지 못하고 날아가버렸습니다. 다시 말해 이 카메라가 최소한 초속 66킬로미터로 움직였다는 뜻입니다.

생하는 힘(사탕 1개의 경우 다이너마이트 1개와 동일하답니다)이 그 식품의 열량 수치입니다.

이 책의 열량은 약 1,600칼로리입니다.* 당신이 흰개미처럼 종이의 셀룰로오스를 소화할 수 있다면 하루 종일 버틸 수 있는 양의 음식입니다. 이 책을 갈아서 금속 용기에 산소와 함께 넣은 후 불을 붙이면, 다이너마이트 5개 분량의 에너지로 폭발할 겁니다.** 따라서 당신이 이 책을 읽는 중에 폭발이 일어난다면 분명 그 폭발이 당신을 죽일 겁니다. 그러나 아직 이 책에서 얻을 수 있는 최대치의 폭발력을 끌어냈다고 볼 수는 없을 것 같네요. 더 큰 폭발력을 끌어내려면 이 책의 핵에너지를 방출시켜야 합니다.

모든 질량은 에너지를 가집니다. 당신이 읽고 있는 이 책, 마실 커피를 담은 컵, 앉아 있는 의자 등 모든 것에 에너지가 들어 있습니다. 질량을 온전히 에너지로 바꿀 수만 있다면 아주 큰 힘을 얻게 될 겁니다. 예를 들어 나가사키에서 터진 원자폭탄은 1그램의 질량을 에너지로 전환한 겁니다. 1그램은 이 책 1쪽의 절반보다도 작은 양이지만, 문제는 '어떻게' 질량을 에너지로 전환하느냐에 있습니다.

다행히 쉽지 않은 일이지요. 나가사키 원자폭탄의 경우 플루토늄을 사용했습니다. 플루토늄은 불안정해서 에너지로 쉽게 전환되기 때문입

---

* 식품의 1칼로리는 1,000열역학 칼로리와 같습니다. 그러나 이 장에서는 전적으로 식품의 측면에서 이야기하고 있습니다.
** 참, 이런 행위는 미국에서 불법이므로 실제로 시도하면 안 됩니다. 화약을 3그램 이상 사용하는 불꽃놀이 역시 불법이지요. 다시 말해, 당신이 합법적으로 이 책을 갈아 폭파시키고자 할 때 시도할 수 있는 최대량은 지금 당신이 읽고 있는 이 한 쪽뿐입니다.

니다. 그에 반해 이 책은 훨씬 안정되어 있습니다.

이 책의 질량을 에너지로 전환하는 것은 어려운 일이지만, 불가능한 일은 아니지요. 이 일을 해내기 위해 가장 좋은 방법은 책의 반물질을 만들어 이 책과 결합시키는 겁니다.* 그리고 뒤로 물러나야 합니다. 아주 잽싸게요.

이 책의 핵이 가진 에너지를 방출하면, 지금까지 미국이 시도한 가장 큰 수소폭탄의 위력으로 폭발할 겁니다. 그러면 당신의 몸이 너무 뜨거워진 나머지 원자가 깨지고 전자가 떨어져 나가 이온화된 플라스마 형태로 대기에 흩어질 겁니다.

다만 현재 인간에게는 그만큼의 반물질을 생산할 능력이 없습니다. 지금까지 가장 많이 만들어낸 반물질이 17나노그램(1그램의 170억분의 1)의 반양성자인데, 이 정도 만드는 데도 여러 해가 걸렸습니다. 그래서 이 책을 폭파하는 것은 미래 세대의 몫이 될 겁니다.

그런데, 사실 이 책을 살인적인 무기로 만드는 훨씬 현실적인 방법이 있습니다. 바로 책의 페이지를 성급하게 마구 넘기는 겁니다. 종이에 베이는 것으로도 목숨을 잃을 수 있거든요.

실제 그렇게 죽은 사람이 있어서 하는 이야기입니다. 2008년, 영국의 한 엔지니어가 프랑스로 여행을 떠나기 직전에 종이에 팔뚝을 베이는 바람에 0.6센티미터의 상처가 났습니다. 그리고 얼마 지나지 않아 그

---

*반물질이 무엇이냐고요? 복잡한 내용이므로 여기서는 모든 물질을 이루는 원자에는 반물질이라는 '사악한 쌍둥이'가 존재하며, 한 물질의 입자가 그것의 반입자와 만나면 둘 다 소멸하면서 아인슈타인의 공식 $E=mc^2$에 따라 에너지로 전환된다는 정도만 말해두겠습니다.

는 감기와 비슷한 증상을 보였고, 몹시 피곤을 느끼며 쇠약해졌습니다. 이후 의식까지 혼미해졌지요.

그는 결국 '괴사성 근막염'으로 6일 뒤에 병원에서 사망했습니다. 괴사성 근막염은 아주 작은 상처로도 감염될 수 있는, 희귀하고 매우 지독한 세균에 의해 발생합니다. 건강염려증 환자들에게는 가장 끔찍한 악몽이지요.

당신의 피부에도 괴사성 근막염을 일으키는 박테리아가 머물고 있을지 모릅니다. 너무 서둘러 페이지를 넘기다 종이에 손가락이 베이면, 지금까지 아무런 해도 끼치지 않았던 박테리아가 몸속으로 들어오게 되는 것이지요.

괴사성 근막염의 특징은 박테리아가 항생제나 백혈구의 접근이 어려운 '죽은 조직'에 산다는 점입니다. 그리고 박테리아가 자라면서 면역계가 미처 방어막을 구축하기도 전에 세포를 죽이는 외독소를 분출합니다. 조기에 치료하지 않으면 단순한 신체적 고통을 넘어서는 심각한 패혈증으로 진행될 겁니다.

패혈증은 침입자를 저지하기 위해 우리 몸이 자신을 죽이는 현상입니다. 심장이 전혀 다른 길로 혈액을 운반하기 때문에 뇌에 필요한 만큼 피를 보내지 못합니다. 그래서 처음에는 현기증이 나고 정신이 흐릿해집니다. 뇌가 최소한의 피로 작동되기 때문이지요. 혈압이 계속 떨어지면서 여러 기관을 망가뜨리다가 결국 심장에 치명적인 문제가 생깁니다. 심장이 산소를 받지 못하면, 당신은 몇 분 안에 사망합니다.

치료를 받지 않았을 때 괴사성 근막염의 치사율은 100퍼센트입니다. 조기 치료를 받는다고 해도 환자의 70퍼센트가 사망합니다. 에볼라 바이러스보다 더 치명적이지요.

그러니 부디 이번 장을 넘길 때 조심하세요.

나이 들어 죽는다면?

　세상에 태어나는 순간 당신의 사망률은 크게 치솟습니다. 태어난 날이야말로 인생에서 가장 위험한 날 중의 하나지요. 이 책을 읽는 독자라면 위험한 고비를 넘기셨군요. 축하합니다!

　출산예정일에 맞춰 태어나고 선천적 장애가 없다고 해도 1,000에 0.04의 확률로 사망할 가능성이 있습니다. 이 확률은 92세 노인으로 어느 날 세상을 떠날 확률과 같습니다. 성장하면서 면역계가 튼튼해지고 사망률이 매일 감소하기 때문이지요.

　당신의 25세 생일은 축하받아 마땅합니다. 이때부터 자동차를 대여할 수 있기 때문이 아니라 앞으로 남아 있는 인생 중에서 가장 건강한 날이기 때문입니다. 당신은 어린 시절 질병의 위험을 극복하고 성년이 되었습니다. 허나 이제부터 모든 것이 내리막길입니다. 하루하루 나이가 들어갈수록 당신이 죽을 확률도 예상 가능한 비율대로 증가합니다.

1825년, 벤저민 곰페르츠Benjamin Gompertz는 자신이 창립을 도운 한 보험회사의 보험수리사로 일하면서 '사망의 법칙'을 발표합니다. 25세 생일이 지나면 그때부터 8년이 지날 때마다 사망 확률이 2배가 된다는 겁니다. 곰페르츠는 초파리와 쥐뿐 아니라 대부분의 다른 복잡한 생물학적 유기체처럼 인간 역시 기하급수적인 비율에 따라 죽는다는 사실을 발견했습니다.

왜 인간의 죽음이 예상 가능한지, 심지어 왜 우리가 늙는지에 대한 정답은 아직 모릅니다. 여러 가설은 있지만 아무것도 입증된 바는 없습니다. 이 가설들 중에 '신뢰성 이론'이라는 것이 있습니다.

신뢰성 이론에 따르면 태어날 때부터 이미 당신의 몸은 핵심적인 구성 요소의 오류와 실패로 가득 차 있습니다. 당신에게 개인적인 유감이 있어서 하는 말은 아닙니다. 이 사실은 모든 인간에게 적용되니까요. 사실 인간은 오래된 프랑스 자동차처럼 애초에 결함이 있는 부품으로 만들어진 건지도 모릅니다. 그뿐 아니라 제대로 작동하던 부품도 언제든지 고장 날 수 있지요.

다행히 자동차 르노 도핀Renault Dauphine*과는 달리, 우리 몸에는 여분의 부품이 충분히 들어 있습니다. 약 37조 개나 되는 작은 세포로 채워져 있거든요. 이 세포들이 믿지 못할 부품이라는 사실을 자연도 알고 있는 것처럼 말입니다. 르노 자동차 회사와는 달리 비용은 걸림돌이 아

---

* 자동차 잡지 〈로드 앤 트랙Road & Track〉에 따르면, 이 차 가까이 서 있으면 차가 부식하는 소리가 들릴 정도라고 합니다.

니므로, 자연은 되도록 많은 예비 물품을 만들어놓습니다. 그러나 시간이 지나 이 세포 대체품들이 분해되고, 모든 여분의 부품이 바닥나는 시점에 사람은 죽음을 맞이합니다.* 물론 이 과정을 서두르거나 늦추는 방법도 있습니다.

당신이 25세가 되면 앞으로 약 100만 시간 정도 더 살 수 있습니다. 스물다섯 번째 생일이 지난 후 매 30분을 1마이크로라이프라는 단위로 매겨봅시다. 이 단위를 기준으로 캠브리지대학교의 통계학자인 데이비드 스피걸홀터David Spiegelhalter와 알레한드로 레이바Alejandro Leiva는 다양한 생활양식이 가지는 비용과 편익을 측정하는 방식을 고안했습니다.**

예를 들어 담배 2개비를 피우면 1마이크로라이프가 감해집니다. 담배를 피운 후 기대수명이 반시간 줄어드는 것이지요. 2개비를 더 피운다면? 1마이크로라이프가 더 줄어들겠지요. 4.5킬로그램 과체중이라면? 역시 하루당 1마이크로라이프의 비용이 추가됩니다. 하루에 알코올성 음료를 1잔 이상 마시면 매 잔마다 1마이크로라이프가 줄어듭니다. 멕시코시티의 오염된 공기를 마시고 살면 매일 0.5마이크로라이프의 비용이 듭니다. 별로 좋지 않은 소식이지요.

반대로 좋은 습관과 행동은 당신의 계정에 마이크로라이프를 추가

---

* 우리가 이미 알고 있는 청력의 노화 과정이 바로 신뢰성 이론의 한 버전입니다. 귓속에는 진동을 감지하는 미세한 털이 있습니다. 충분한 여분의 털도 함께 가지고 있지요. 어릴 때는 큰 음악 소리로 인해 털이 부러져도 괜찮습니다. 그러나 나이가 들면 털도 자연적으로 하나씩 죽어갑니다. 여기에 록 음악이 여분의 털을 모두 없애버리면, 청력 역시 소실되는 것이지요.
** 마이크로라이프는 연구자 로널드 하워드Ronald Howard가 소개한 마이크로몰트Micromort의 개념과 비슷합니다(188쪽을 참조하세요). 마이크로확률은 어떤 사건이 일어날 100만분의 1에 해당하는 확률입니다.

할 수도 있습니다. 20분의 운동? 2마이크로라이프를 추가합니다. 과일과 채소 섭취? 하루에 4마이크로라이프씩 늘어납니다. 하루 2, 3잔의 커피를 마시는 것도 마이크로라이프를 추가합니다. 단순히 목숨을 부지하고 있는 것만으로도, 현대의 의료 발전 덕분에 당신은 하루에 12마이크로라이프를 얻게 됩니다.

그러다 마침내 백업된 세포가 바닥나면 마이크로라이프 계정도 0이 됩니다. 〈디 어니언The Onion〉(미국의 풍자 언론사-옮긴이)의 최신 연구가 말하는 '이 세상 모든 사람의 사망률이 100퍼센트를 유지하는 이유'입니다.

어떤 곳에 갇힌다면?

폐소공포증. 질식 혹은 좁은 공간에 갇히는 것에 대한 두려움은 세계에서 가장 흔한 공포증 중에 하나입니다. 연구에 따르면 세계 인구의 약 5퍼센트가 이 공포증에 시달리지요. 대부분의 경우 공포는 투쟁-도피 반응이 과하게 발현되어 나타나는 증상으로, 이로운 점보다는 해로운 점을 더 많이 가져옵니다.

그러나 갇혔을 때 실제로 정말 위험한 장소도 있습니다. 다만 그곳에서는 폐소공포증을 가장 심하게 느끼는 뇌조차 위험성을 깨닫지 못해서 문제가 되지요. 그런 예를 들어보겠습니다.

비행기 바퀴집: 값싼 여행을 찾고 있다면

1947년 이후로 105명이 비행기 바퀴집에 몰래 숨어 밀항을 시도했습니다. 아무리 따져보아도 좋지 않은 생각입니다. 하지만 당신이 여전히 제값을 주고 비행기 좌석을 사야 할지 고민하고 있다면, 바퀴집에 숨어 밀항하는 것의 장단점을 꼼꼼히 확인해보세요.

장점

1. 가격이 저렴하다.
2. 수면제가 필요 없다. 비행기가 순항 고도에 오르면 산소 부족으로 기절해 남은 비행 시간 동안 의식이 없게 된다.
3. 비행기 기종에 따라 다르지만, 객실에서보다 다리를 뻗을 공간이 충분하다.

단점

1. 생존 확률이 별로 높지 않다. 지금까지 비행기 바퀴집에 탑승했던 105명 중 4분의 1만이 살아남았다. 또한, 생존자 대부분이 어리거나(몸무게가 작은 어린이일수록 몸이 더 빨리 차가워집니다. 이것이 왜 유리한지는 잠시 후에 이야기하도록 하지요), 비행 고도가 높지 않은 단거리 비행이었다. 이 정도 거리라면 차라리 버스를

타는 것이 나을 듯하다.

2. 춥다. 고도 10킬로미터 상공에서는 기온이 영하 56도까지 내려
   간다. 바퀴집 문이 닫히면 어느 정도 보온되므로 얼어 죽지는 않
   을 수도 있다. 체온이 좀 떨어지더라도 놀라지 말 것.

3. 추락의 가능성. 바퀴집 객실에는 안전띠가 없다. 또한, 이착륙 시
   수백 미터 상공에서도 바퀴집 문이 열려 있다. 바퀴집에서 떨어
   진 사람이 부지기수다. 무언가를 꽉 잡으면 되지 않을까 생각한
   다면 대단한 오산이다. 산소 부족으로 정신을 잃을 가능성이 크
   기 때문.

4. 산소 부족. 가장 치명적인 단점이다. 고도 10킬로미터에서는 공
   기가 너무 희박해, 들이마시는 산소의 양이 평소의 25퍼센트까
   지 떨어진다. 보통 사람들은 산소의 양이 50퍼센트로만 떨어져
   도 메스꺼워한다. 빨리 적응하지 않으면 자기도 모르게 기절해
   서 수 분 안에 죽는다. 차라리 동사하는 게 생존 확률이 가장 높
   다. 뇌는 추울 때 훨씬 산소를 덜 필요로 하기 때문이다. 그렇게
   보면 굳이 옷을 껴입는 것보다 반소매에 반바지를 입고 탑승하
   는 게 나을 듯. 동상으로 손가락과 발가락 몇 개 잃더라도, 추락
   하지 않는 한 밀항에 성공할 확률이 높으니 말이다.

결론

여행 비용으로 팔다리까지는 아니어도 손과 발 일부가 청구될 수
있다. 그것도 대단히 운이 좋은 경우다.

주유소 편의점: 정크푸드만 먹고 산다면

주유소 편의점에서 파는 핫도그를 먹고도 살아남는 것은 대단한 위업입니다. 그렇다면 만약 매일 핫도그만 먹는다면 얼마나 오래 살 수 있을까요?

수많은 단점에도 불구하고, 정크푸드는 아주 오래 보존된다는 큰 장점이 있습니다. 감자 칩은 아주 오래 두고 먹을 수 있습니다. 초코 과자가 생전 썩기는 할까요? 그래서 당신이 주유소 편의점에 갇히더라도 굶어 죽지는 않을 겁니다. 물론 정크푸드와 탄산음료를 몇 년씩 먹으면 당뇨에 걸리겠지만요.

그러나 그보다 단기적인 문제도 있습니다. 정크푸드에는 실질적으로 비타민이나 무기질이 전혀 없습니다. 그래서 간식은 될 수 있을지언정 끼니로는 형편없지요. 주유소 편의점에 신선한 과일이 있어도 며칠이면 유통기한이 지나버립니다. 그런데 과일을 먹지 않으면 비타민 C를 얻기 힘듭니다. 비타민 C는 비타민 중에서도 가장 필수적입니다.

1500년대 초에 대형 선박이 제작되고 지도의 정확성이 높아지면서 장기간 항해가 가능해졌습니다. 안타깝게도 음식을 보존하는 기술은 이를 따라가지 못했지요. 오랜 항해 중에는 신선한 식품을 먹기 힘들고, 그러다 보니 비타민 C의 섭취가 부족해졌습니다. 그래서 결국 괴혈병이라는 피할 수 없는 결과가 나타났습니다.

페르디난드 마젤란Ferdinand Magellan은 태평양을 건너는 항해 중, 괴혈병으로 선원의 80퍼센트를 잃었습니다. 그리고 1740년에도 모험가 조지 앤슨George Anson*이 이끄는 선박에서 10개월의 항해 중 1,300명이 괴혈병으로 사망했습니다.

주유소 편의점에 갇혀서 1달 동안 순전히 정크푸드만 먹고 산다면, 잇몸에서 피가 나고 만성피로와 피부 반점에 이르는 괴혈병의 초기 증상이 나타날 겁니다. 또 1달이 지나면 모세혈관을 치료하지 못해 피를 흘리다 죽게 되겠지요.

결론

주유소 편의점에 갇힌다면, 그곳에서 멀티비타민제를 취급하길 바라는 게 좋을 것.

엘리베이터: 물 없이 버텨야 한다면

지금까지 가장 오랫동안 엘리베이터에 갇힌 사람은 아마 니컬러스 화이트Nicholas White일 겁니다. 1999년 어느 금요일 저녁, 늦게까지 일하던 화이트는 담배를 피우러 엘리베이터를 탔다가 무려 41시간 동안이

---

* 영국 해군은 비타민 C와 괴혈병의 연관성을 처음으로 밝혔습니다. 그래서 선원들에게 항해 중에 라임을 배급했습니다. 라임은 훌륭한 군사적 이점과 더불어, '라이미Limey'라는 별명을 영국인들에게 안겨주었지요.

나 나오지 못했습니다. 기술자가 엘리베이터를 정지시키기 전에 안에 사람이 있는지 미처 확인하지 않은 것이지요.

화이트는 작은 상자 안에서 매우 지루한 주말을 보내고 나서야 구출되었습니다. 화이트의 아내가 말하길, 화이트는 구출된 후 겨우 '맥주'를 달라고 했다는군요. 화이트가 더 오래 갇혀 있지 않아서 다행입니다. 엘리베이터에 오래 갇히는 것은 치명적일 수 있거든요.

2016년에는, 바쁘게 돌아가는 중국 베이징의 한 아파트에서 엘리베이터가 오작동했습니다. 기술자는 10층과 11층 사이에서 엘리베이터를 정지시켰습니다. 탑승한 사람이 있는지 확인도 하지 않고서요. 그러나 사실 그 안에 사람이 있었지요. 그로부터 1달 뒤에야 그녀의 시체가 발견되었습니다.

엘리베이터에 갇혔을 때 가장 문제가 되는 것은 수분 부족입니다. 엘리베이터는 공기 순환이 잘 되기 때문에 산소가 부족할 염려는 없습니다. 그러나 탈수는 문제가 되지요. 우리는 땀을 흘리거나 숨 쉬며 앉아 있는 것만으로도 하루에 2컵의 수분을 잃습니다. 그리고 소변도 있으니까요.

소변은 95퍼센트가 물입니다. 엘리베이터 안에 며칠씩 갇혀 있다 보면 극도의 갈증으로 인해 소변이 신선한 음료수처럼 보이는 지경에 이릅니다. 그러나 인체가 소변 속 나머지 5퍼센트를 몸에서 제거하려는 데는 이유가 있겠지요. 소변에는 다량으로 섭취할 경우 신부전을 일으킬 정도로 많은 칼륨이 있습니다. 또한, 탈수를 방지하려는 목적으로 들이키기에는 염분도 높은 편이지요.* 실제로 '미 육군 생존 지침서'에서는 소변을 마시지 말라고 조언합니다.

결론

엘리베이터에 갇힌다면 약 2주 후에 신부전으로 사망한다. 안에 있는 동안에는 소변을 멀리할 것.

정육점 냉동창고: 추위를 얼마나 견딜 수 있을까?

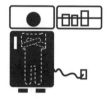

오늘날 사용하는 냉동창고는 안에서도 열 수 있으므로, 안에 갇힐 염려는 없습니다. 그러나 반소매에 반바지를 입고 구식 냉동창고에 갇힌다면 어떻게 될까요?

영하 20도의 정육점 냉동창고에서 당신의 몸은 제일 중요한 기관을 따뜻하게 유지하기 위해 혈액이 순환하는 경로를 바꿉니다. 그래서 상대적으로 중요하지 않은 팔다리는 추위에 떨게 되지요. 즉, 동상에 걸립니다. 정육점 냉동창고에서라면 30분 안에 손발에 동상이 일어납니다.

---

* 탄산음료가 있다면 마셔야 합니다. 탄산음료 안에도 염분이 들어 있어서 수분 보충에 물처럼 효과적이지는 않지만, 그래도 이런 상황에서는 나쁜 점보다는 좋은 점이 더 많습니다.

결국엔 손가락이 검게 죽어서 절단해야 합니다. 그러나 당신은 손가락을 자를 걱정은 하지 않아도 됩니다. 그보다 훨씬 전에 죽을 테니까요.

정육점 냉동창고에서 체온은 30분마다 약 0.5도씩 낮아져, 6시간이 지나면 30도까지 떨어집니다. 이 온도에서는 세포가 작동을 멈추지요. 안타깝게도 당신이라는 사람은 결국 세포 덩어리에 불과합니다.

결론

당신이 냉동창고의 고기처럼 되기까지는 약 6시간이 걸립니다. 인간과 가장 비슷한 송아지 고기에 대한 미국 식품의약청FDA의 지침에 따르면, 당신은 냉동고 안에서 4~6개월간 신선도를 유지할 겁니다.

모래 늪: <인디아나 존스>처럼 위기에 빠진다면

할리우드 영화에서 과장되어 표현된 위험천만한 장면들 중에서도, 가장 우위를 차지하는 것이 모래 늪에 빠져 끔찍한 죽음을 맞는 겁니다. 12미터짜리 상어, 살인 컴퓨터, 외계 기생충 등을 선보이는 영화 산업에서도 모래 늪의 위험을 알고 있는 것이지요.

하지만 당신이 영화에서 뭘 봤는지는 몰라도, 지금까지 모래 늪에 빠져 사망했다고 확인되는 사례는 없습니다. 말 그대로 전무합니다. 해안가 진흙 속에 갇혀 있다가 밀물이 들어올 때 익사한 사례가 있을지도 모르나 그게 전부입니다.

모래 늪이 그다지 치명적이지 않은 이유는 그곳에 빠져도 몸이 뜨기 때문입니다. 모래 늪보다 밀도가 2배나 낮은 물속에서도 몸이 뜨니까요. 모래 늪에 빠져도 당신의 몸은 배꼽까지 들어간 후, 부표처럼 떠 있을 겁니다. 유일하게 심각한 상황은 머리부터 빠지는 경우입니다. 그게 아니라면 안심해도 좋습니다.

결론

모래 늪에 빠져 죽는 상상은 얼마든지 할 수 있지만, 실제로 그런 일이 일어난다면 당신이 인류 역사상 처음일 것.

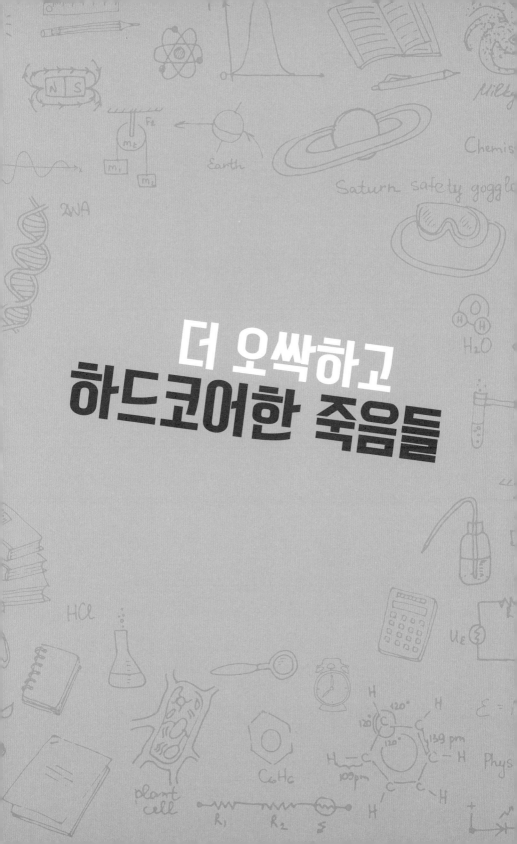

더 오싹하고
하드코어한 죽음들

대머리수리 둥지에서 자란다면?

하카를Hákarl은 아이슬란드의 매우 특별한 전통 요리입니다. 요리사이자 경험 많은 식도락가인 앤서니 보데인Anthony Bourdain에 따르면 하카를은 "지금까지 먹어본 음식 중에서 가장 역겨운" 음식입니다. 그건 아마 하카를을 요리하는 과정에서 상어 고기를 6개월 동안 썩히기 때문일 겁니다.

이 과정은 음식의 풍미를 더하기 위해서가 아니라, 그린란드 상어 고기에 들어 있는 독성을 제거하기 위해서입니다. 상어 고기를 날것으로 먹는다면, 독성 때문에 만취했을 때와 비슷한 상태에 빠집니다. 오직 삭히는 과정을 거쳐야만 독성이 사라지는데, 그 최종 생산물은 지독한 암모니아 냄새를 풍깁니다. 후천적으로 입맛을 길들여야만 먹을 수 있는 맛이지요.

하카를은 날것으로 먹을 때보다 썩힌 후 먹는 게 안전한 몇 안 되는 음식입니다. 대개는 그 반대지요. 동물이 초원에서 죽고 나면 감염과 싸우는 능력을 상실합니다. 죽은 동물에게는 그다지 치명적인 사실이 아닙니다. 이미 싸움은 끝났으니까요. 그러나 그 동물의 죽은 살점을 먹으려고 시도하는 자에게는 큰 문제가 됩니다. 썩기 시작하면 감염의 부산물로 고약한 냄새가 나는 독소가 생겨납니다. 죽은 지 얼마 안 되는 동물일수록 독성도 덜하겠지요.

유통기한이 지난 음식을 먹는 최고의 능력자는 대머리수리입니다. 자, 그럼 감정적 애착을 형성하는 어려움은 무시하고 다음과 같이 가정해봅시다. 광활한 초원에 버려진 어린 당신을 대머리수리 무리가 데려다 키운다고 말입니다.

분명 음식이 입에 맞지 않겠지요. 흙 속에서 뒹굴며 노는 것이 면역에 좋다는 말을 들어봤을 겁니다. 대머리수리가 그 대표적인 예입니다. 이들은 수천수만 년 동안 썩은 동물의 고기를 먹고 살면서 발톱 청소 한 번 하지 않았습니다. 이로써 엄청난 면역 시스템을 만들어왔지요. 그래서 그들의 잔치 음식은 당신이 생각하는 것과는 매우 다를 겁니다.

당신을 입양한 대머리수리 가족과 처음 식사하는 자리에서 가장 먼저 이질감을 느끼는 부분은 바로 구더기일 겁니다. 구더기는 파리 알에서 부화한 후 썩어가는 고기를 두고 당신과 경쟁합니다. 좋은 소식은 구더기가 훌륭한 단백질원이라는 사실이지요. 또한, 구더기는 살아 있으므로 썩은 고기를 먹는 것보다 안전합니다. 그러니 마음껏 구더기를 먹어도 됩니다.

게다가 구더기는 썩은 살코기를 좋아합니다. 다시 말해 구더기가 먹지 않고 남긴 고기는 조금 더 신선하다는 뜻입니다. 그러니 만일 구더기들이 특별히 좋아하는 사체가 있는 것 같거든 코를 움켜쥐고 구더기와 함께 식사하며 그들이 남긴 것을 드세요.*

이때 두 번째 문제가 등장합니다. 냄새지요. 우리가 썩은 고기의 냄새를 지독하다고 여기는 데는 이유가 있습니다. 인간은 역겨운 냄새를 구별하도록 진화했습니다. 죽은 생물이 만들어내는 대표적인 두 화학물질을 아주 소량이라도 감지합니다. 푸트레신putrescine과 카다베린cadavarine입니다. 이는 우리 조상을 살아남게 한 적응의 일부이므로 바람직한 능력이지요. 그러나 인간이 어떤 냄새에 익숙해질 수 있는지 알면 깜짝 놀랄 겁니다.

대머리수리를 부모로 둔다면 당신은 자라면서 썩은 고기 냄새를 좋아하게 될 겁니다. 스컹크 냄새는 그 냄새를 다루는 노동자들에게는 중독성이 있다고 합니다. 동남아시아 과일인 두리안은 하수구 냄새를 풍기지만, 일상적으로 두리안을 먹는 사람들은 이 과일에 열광하지요.

냄새는 맛에 커다란 영향을 미칩니다. 비록 적응 과정이 힘들겠지만 언젠가는 당신도 썩은 식단을 좋아하게 될 겁니다. 다만 시간이 충분하지 않아 안타까울 뿐입니다. 당신의 위장과 면역계는 후각만큼 빨리 적응하지 못하니까요.

죽은 지 오래된 동물을 먹으면 그 살점에 감염된 병원균에 노출됩

---

* 구더기는 저평가된 동물입니다. 썩은 살점만 먹고 살아 있는 것은 건드리지 않는 구더기의 습성을 이용해 상처 부위를 치료하기도 한답니다.

니다. 동료 대머리수리가 먼저 먹을 때까지 기다렸다가, 그가 죽는지 안 죽는지 확인하는 방법도 있습니다. 그러나 별로 믿음이 가지 않는 방법입니다. 어차피 대머리수리의 몸은 인간에게 치명적일 정도로 썩은 고기도 먹고 살 수 있도록 적응했기 때문입니다.

대머리수리의 위산은 인간의 위에서 분비하는 위산보다 100배는 더 강합니다. 쇠도 녹이지요. 게다가 척추동물 중에서 가장 튼튼한 면역 계를 보유하고 있어서 콜레라균, 살모넬라균, 심지어 탄저균에도 거뜬합니다. 모두 인간에게는 치명적인 질병들입니다. 당신이 가족과 함께 이 중 어느 것에라도 감염된 동물을 먹는다면 당신의 대머리수리 가족은 괜찮겠지만 당신은 죽을 겁니다.

그러나 대머리수리를 부모로 두어 좋은 습관이 적어도 하나 있습니다. 대머리수리의 소변은 산성이 강해 무엇이건 소독 살균하지요. 그래서 썩은 고기를 배불리 먹고 난 후에 당신은 대머리수리를 따라 몸을 닦는 것이 좋을 겁니다. 그들의 소변을 몸에 뿌리면서 말입니다.

화산에 제물로 바쳐진다면?

화산에 제물로 바쳐진 숫처녀의 이야기는 할리우드 영화 속 허구에 불과합니다. 처녀를 제물로 바쳤을 것이라고 추정되는 문화권에서는 아예 희생자를 바칠 만한 화산이 없거나, 설사 화산이 있다 하더라도 사람을 던지기 위해 화산의 정상까지 올라간다는 자체가 불가능합니다.

그런데도 불구하고 특별히 예외적으로, 이들이 당신을 화산의 불구덩이 속에 던져버렸다고 가정해봅시다. 맨 처음 떠오르는 질문은 "과연 용암 속에 빠졌을 때 몸이 가라앉을 것인가, 아니면 떠오를 것인가?"입니다. 기술적인 문제일지도 모르지만, 어쨌든 당신과 관련 있는 질문임은 틀림없습니다. 가라앉든 뜨든 당신이 살아남을 가망은 없지만 적어도 죽는 방식은 달라질 테니까요.

용암은 바위가 녹은 액체입니다. 그래서 성분에 따라 물보다 2, 3배는 더 되직하므로 용암이 흐르는 강이라도 열기만 무시한다면 걸어서 건널 수 있을 겁니다. 그러니까 당신이 용암 위에 떠오른다는 뜻이지요. 적어도 처음에는 말입니다. 그러나 이건 사실 문제가 될 수 있습니다. 높은 곳에서 물속이나 다른 액체 속에 뛰어들 때는 일단 가라앉는 게 좋거든요.

보통 높이의 화산 가장자리에서 던져졌다면, 용암 속으로 겨우 몇 센티미터 정도 가라앉을 겁니다. 뜨겁지 않을까 하는 염려는 마세요. 그건 아주 작은 걱정에 불과하니까요. 5층짜리 건물 꼭대기에서 뛰어내리면서 바닥에 모래구덩이가 있으니 죽지 않을 거라고 기대하나요?

당신은 어찌되었든 살아남지 못합니다. 당신이 올라가서 용암으로 뛰어들게 될 화산이 별로 높지 않기만을 바라세요. 그래도 얼마간 목숨을 더 부지할 수 있을지도 모르니까요.

아까 미뤄두었던 열기의 문제가 남았네요. 용암의 온도는 700도에서 1,200도 사이입니다. 너무 뜨거워서 당신은 익거나 탈 새도 없이 순식간에 끓어 넘칠 겁니다. 다시 말해, 몸속의 모든 물이 증기로 변한다는 뜻입니다. 몸의 대부분이 물이기 때문에 별로 좋을 게 없습니다.

몸속의 물이 기체로 바뀌면서 주변이 정신없이 부글거리고 여기저기 튀어 오를 겁니다. 그러면서 대형 용암 분수가 생성됩니다. 이 분수는 1.5~1.8미터로 높이 치솟으며 당신을 온통 뒤덮을 겁니다. 그렇게 마침내 당신은 용암 깊숙이 들어가겠지만, 그건 당신이 가라앉기 때문이 아닙니다. 용암에 묻혀버리는 거지요.

계속 누워서 생활한다면?

당신이 중년의 나이라면 잠자리에서 일어나는 것 외에도 매일 직장까지 자동차로 출퇴근하고, 지붕의 홈통을 청소하고, 거리의 배수로 위를 걷는 것만으로도 100만분의 1에 해당하는 사망 가능성에 직면합니다. 이불에서 나오고 싶지 않을 정도의 위험이지요.

그렇다고 당신이 정말 이불 속에만 있을 생각이라면, 다시 고려해 보는 게 좋을 겁니다. 실제로는 침대에서 아예 나오지 않는 것이 사망률을 훨씬 더 높이니까요.

몸을 움직이지 않는 것은 그 자체로 건강에 좋지 않습니다. 미국에서는 '운동 부족'이 담배보다도 더 많은 사람의 목숨을 앗아가는 원인이 됩니다. 케임브리지대학의 스피겔홀터 교수에 따르면 영화 1편을 볼 때마다 기대수명이 30분씩 짧아집니다. 매일 온종일 영화만 본다면 인생이 남들보다 25퍼센트 빠르게 흘러가는 셈입니다.

하지만 일상생활에 도사린 위험에 겁먹은 나머지 아예 침대에서 일어나지 않는다면, 아마 이보다 훨씬 먼저 죽게 될 겁니다. 침대에 누워서만 지내는 생활은 극도로 위험합니다. 무중력 상태가 주는 효과와 비슷하지요. 미국 항공우주국 NASA는 시험 삼아 우주비행사들을 우주정거장에서 1년 동안 머무르게 합니다. 편도로 7개월 걸리는 화성까지의 여행에 어떤 일이 일어날지 연구하기 위해서입니다.

화성으로 가는 우주비행사처럼 7개월 동안 침대에 누워 있어야 한다면, 당신은 몇 가지 문제에 직면하게 됩니다. 몸을 전혀 움직이지 않은 채로 불과 24시간만 지나도 일상생활에서 운동에 가장 익숙한 종아리와 허벅지를 시작으로 근육이 퇴화하기 시작합니다. 그러나 근육뿐만이 아닙니다. 운동을 하지 않으면 뼈도 쇠약해지지요.*

몸이 누워 있는 생활을 하게 되면, 몸속의 액체에도 이상한 일이 생깁니다. 세포 주위로 철벅거리는 액체(세포외액)는 대개 중력에 의해 아래로 쏠려 있습니다. 그런데 너무 오래 누워 지내면 이 액체가 얼굴을 향해 기어오르기 시작합니다. 그러면서 시신경을 뭉개고, 균형 감각과 후각에도 문제를 만들지요.**

혈액 역시 중력과 운동에 익숙합니다. NASA는 시험에 참여하는 우

---

* 뼈는 압전기의 역할을 합니다. 다시 말해 압력을 받으면 전기를 생산하지요. 뼈가 압력을 받지 못하면 전기 신호도 발생하지 않습니다. 그러면 뼈가 계속 만들어지지 못해 골다공증에 걸립니다.
** 이처럼 세포외액이 갈피를 못 잡는 바람에 우주정거장에서 갓 귀환한 우주비행사들의 얼굴이 퉁퉁 부어 보이는 겁니다.

주비행사들이 다리에 압박 붕대를 착용하게 합니다. 정맥이 다리에서 심장으로 피를 돌려보낼 때는 도움이 필요합니다. 대개는 매일의 산책이나 스트레칭 정도로 근육의 긴장을 풀어주면 충분하지만, 누워서 움직이지 않는 상태로는 피가 정맥 안에 고여 응고되거나 엉길 수 있습니다. 물론 좋지 않은 일이지요.

아래로 향하는 혈압은 엉긴 피를 풀어줍니다. 정맥보다 혈관이 굵은 동맥은 혈전들이 문제없이 통과하지만, 안타깝게도 심장과 뇌는 좁은 판막과 가느다란 정맥을 가지고 있습니다. 혈전이 여기에 댐을 쌓아 피가 흐르는 길을 막을 수도 있습니다. 심장으로 들어가는 혈관이 막히면 심장마비를 일으키고, 뇌로 들어가는 혈관이 막히면 뇌졸중으로 쓰러집니다. 어느 쪽이든 당신은 몇 분 안에 죽습니다.

사실 심장마비나 뇌졸중으로 사망하는 것은 단지 가능성일 뿐이며, 압박 붕대 같은 것들로 예방할 수도 있습니다. 그러나 7달 동안 침대에 누워 꼼짝도 하지 않는다면 아마 욕창으로 죽게 될 겁니다.

욕창은 침대와 뼈 사이의 압력이 혈관을 눌러 피가 지나가는 것을 막아, 피부에 산소 공급이 원활하게 이루어지지 않을 때 생깁니다.

통증은 처음에는 묵직한 느낌에서 시작합니다. 그러다 몇 시간이 지나면 살갗이 아프지요. 침대에 오래 누워 있을수록 통증도 심해집니다. 마침내 붉게 변한 통증 부위가 죽은 세포로 둘러싸여 문드러지면서 궤양이 진행됩니다.

이때부터는 감염을 걱정해야 합니다. 사람의 피부는 외부 병원균을 1차적으로 막아주는 역할을 합니다. 따라서 상처 부위가 계속 노출되면 박테리아가 바깥에서 혈류로 진입할 수 있는 직접적인 경로를 제공해, 감염이 장기로 퍼진 후 패혈증에 걸릴 수 있습니다.

즉시 치료하지 않으면 패혈증은 사망으로 이어집니다. 설사 초기에 치료해도 죽는 경우가 있지요. 패혈증은 감염에 대한 신체의 반응이 과도하게 일어난 결과입니다. 혈압이 위험한 수준까지 떨어지고, 신장은 말을 듣지 않고, 호흡이 가빠지며 마침내 물조차 넘길 수 없어 가래 끓는 소리를 냅니다. 뇌 세포가 너무 많이 죽으면 의식을 잃고 코마 상태에 빠집니다.

이 모든 증상이 누워 있다는 이유로 발생합니다. 하지만 당신이 사고로 인한 100만분의 1의 사망률이 두려워 침대에만 누워 있고 싶다면, 사망률을 낮출 수 있는 몇 가지 방법을 제안하겠습니다.

무엇보다도, 침대에서 나와야 합니다. 그리고 미국이라면 토네이도를 피해 다른 곳으로 이사를 갑니다. 캔자스주, 오클라호마주, 켄터키주는 토네이도에 의한 자연재해가 가장 심한 곳이므로 위험합니다. 미네소타주나 노스다코타주 같은 중서부의 북쪽 지역도 피하는 것이 좋습니다. 너무 춥고 눈과 얼음이 많습니다. 남쪽도 피합니다. 잦은 허리케인으로 인한 피해가 예상되니까요.

그렇다면 자연재해를 피하기 가장 좋은 미국의 주는? 하와이입니다. 하지만 하와이는 2차선 도로가 많으므로 주행 시 안전 순위가 중간밖에 안 됩니다. 가장 안전한 도로를 가진, 살기에 가장 안전한 주는 동부의 매사추세츠주입니다. 자연재해가 잦지 않고 도시의 치안이 훌륭하며 도로도 안전하지요.

또한 자동차를 멀리해야 합니다. 자동차는 370킬로미터의 거리를 달릴 때마다 사망률이 100만분의 1씩 증가합니다. 대신 기차를 타세요. 기차는 4,800킬로미터를 달려야 사망률 100만분의 1에 도달합니다.

결혼하는 것도 좋습니다. 결혼하면 기대수명이 10년 추가되거든요. 위험 수치로만 본다면 요양원은 가장 위험한 직장입니다. 소방관이 되는 것보다도 조금 더 위험하지요. 그렇다면 가장 안전한 직업은? 금융 자산관리사입니다.

그러니까 매일 100만분의 1의 사망률이 너무 높다고 느껴지면 침대에 누워 있지 마세요. 대신 결혼을 하고 보스턴으로 이사 가서, 회계사가 되어 기차를 타고 출퇴근하면 됩니다.

땅속에 지구 반대편으로 연결되는
터널을 파고 뛰어든다면?

살면서 언젠가, 아마도 어렸을 적에 지구 반대편으로 가는 터널을 뚫겠다고 열심히 땅에 구멍을 판 적이 있을 겁니다. 어떤 흙으로 이루어진 땅을 파느냐에 따라 1미터 정도는 파냈을지도 모르겠네요.

이제 당신은 나이가 들었고, 좀 더 집요해졌습니다. 그래서 예전에 파다가 실패한 구멍을 이번에는 끝까지 뚫어보기로 마음먹습니다. 미국에서 지구의 중심을 거쳐 반대쪽까지 약 1만 3,000킬로미터짜리 지하 터널을 파 내려갔다고 합시다. 그리고 터널 속으로 뛰어들었습니다. 어떤 일이 일어날까요?

첫째, 어디를 팠는지에 따라 결과가 달라집니다. 정확히 미국의 어느 지점에서 출발했느냐가 중요합니다. 중국이 미국의 반대편에 있을 거라는 믿음은 사실 틀렸습니다. 진실을 말하자면, 미국 본토 어디에서 시작하더라도 당신은 인도양 한가운데 빠져 죽을 겁니다. 미국 영토에서 구멍을 파기 시작해 지구 반대편에서 육지로 나오려면 하와이에서 시작하는 수밖에 없습니다. 그럼 아프리카대륙에 있는 보츠와나Botswana의 조수보호지역으로 나오게 되지요.

그러나 하와이에서 시작한다고 해도 문제는 있습니다. 지구의 외부는 내부보다 자전 속도가 훨씬 빠릅니다. 회전목마를 떠올려보세요. 따라서 하와이 해변은 지구의 중심보다 시속 1,300킬로미터나 더 빨리 돌아갑니다. 그 결과 터널에 뛰어들면 낙하하는 도중 터널의 벽면에 몸이 쓸리게 됩니다. 내려갈 때는 몸의 앞쪽에 있는 벽과, 그리고 중심을 지나 반대편으로 올라올 때는 몸의 뒤쪽에 있는 벽과 쓸립니다.

움직이는 속도가 빠르지 않다면 길에서 넘어졌을 때처럼 가볍게 찰과상 정도만 입겠지만, 고속으로 자유낙하하는 도중에 몸이 쓸린다면, 피부가 죄다 벗겨지고 뼈가 갈려 마침내 걸쭉한 살덩어리 형태로 추락하게 될 겁니다. 그러니 피부가 벗겨져 죽지 않으려면 남극이든 북극이든 극지방에서 시작하는 게 가장 현명한 방법입니다. 여기에선 지표와 중심이 같은 속도로 회전하니까요.

이제 1가지 문제가 해결되었습니다. 그러나 찰과상으로 인한 사망 말고도, 지구에 구멍을 뚫고 뛰어들 때 감수해야 할 위험 요소는 또 있습니다.

인간이 새우 자세로 다이빙할 때 해수면 높이에서의 종단속도는 대략 시속 320킬로미터 정도 됩니다. 이 속도라면 1만 3,000킬로미터 아래로 떨어지는 데 40시간 정도 걸립니다. 다시 말해 그냥 보츠와나까지 비행기를 타고 평범하게 이동하는 게 더 빠르다는 뜻입니다(환승 횟수에 따라 다를 수 있습니다만). 그러나 당신이 너무 한가해서 40시간도 괜찮다고 합시다. 그렇더라도 여전히 당신은 터널의 반대편 끝까지 도달하지는 못할 겁니다.

2가지 이유로 불과 몇 초 만에 낙하 속도가 줄어들기 시작하거든요. 우선 행성의 중심에 가까워질수록 아래로 잡아당기는 중력이 약해집니다. 즉, 몸무게가 줄어들기 때문에 더 천천히 떨어지겠지요. 그러나 더 위험한 문제는 공기의 밀도입니다.

지구에서 가장 높은 에베레스트산의 고도는 약 8,800미터에 달합니다. 이렇게 높은 고도에서는 대기압이 너무 낮아서 공기가 희박하므로 아주 잘 훈련된 사람들만이 살아남을 수 있습니다. 땅속 깊이 내려갈 때는 반대 현상이 일어납니다.

대기압이 높아지면서 당신이 낙하하는 주변의 공기를 짓누릅니다. 아래로 고작 97킬로미터만 내려가도(전체 경로의 1퍼센트도 안 됩니다) 이미 공기의 밀도가 거의 물과 비슷해집니다. 한동안은 몸이 가라앉겠지만, 언젠가는 공기의 밀도와 몸의 밀도가 평형을 이루는 지점에 도달하겠지요. 그러면 지구 속 깊은 곳에서 영원히 둥둥 떠 있는 운명을 맞게 될 겁니다.*

아무래도 터널을 파는 전략을 바꿔야 할 것 같습니다. 공기의 밀도 문제를 해결하려면 터널 속의 공기를 모두 빼낸 후 밀폐해 긴 진공관으

---

* 대기압이 공기를 압축하면서 몸의 밀도가 평소보다 높아집니다. 그래서 아마 예상한 것보다는 더 깊이 가라앉을 겁니다. 그렇다고 반대쪽까지 도달할 정도는 아니지만요.

로 만들어야 합니다. 이렇게 하면 몸이 뜨는 문제와 속도가 느려지는 문제를 동시에 해결할 수 있습니다. 이제 당신은 중간에 오도 가도 못 하게 되는 대신, 시속 2만 9,000킬로미터로 지구의 중심을 통과하며 비명을 지르게 될 겁니다.

이렇게 밀도의 문제까지 해결했음에도 불구하고, 안됐지만 당신이 판 터널은 여전히 위험합니다. 러시아 사람들이 이미 세계에서 가장 깊은 구멍을 파 내려가면서 증명했듯이, 지구의 내부는 매우 뜨겁기 때문입니다.

러시아인들이 판 이 구멍의 이름은 '콜라 초심층 시추공Kola Superdeep borehole'입니다. 1970년에 착공해 무려 22년이나 걸린 대규모 프로젝트이지요. 애초에 구멍을 왜 팠냐고요? 그저 얼마나 깊이 땅을 팔 수 있는지 보기 위해서였습니다. 이들은 1989년에 지하 12킬로미터까지 도달했는데, 극도로 뜨거운 열기가 드릴의 납땜을 녹이는 바람에 프로젝트를 중단했습니다. 지구 지름의 고작 0.1퍼센트만큼 팠을 뿐인데도 온도가 180도에 이르렀지요.

어림잡아 100미터씩 파 내려갈 때마다 온도가 약 2도씩 올라간다고 생각하면 됩니다. 즉, 1초에 약 0.3도씩 뜨거워지는 셈이지요. 큰일이 아니라고 생각할지도 모르지만 새로 작업한 진공 터널에서는 속도가 매우 빠르게 가속됩니다.

3초 뒤면 0.9도 따뜻해지고 30초 뒤면 오븐 속처럼 뜨거워집니다. 편치는 않겠지만 당신은 생각보다 꽤 오래 살아 있을지도 모릅니다. 18세기에 찰스 블래그든Charles Blagden이라는 영국인은 105도까지 가열한 방에 들어가 15분 동안 앉아 있다가 나왔는데도 멀쩡했습니다. 그러나 블래그든 경은 당신이 파낸 터널처럼 계속 뜨거워지는 방에 있었던 게 아닙니다. 30초 뒤에도 당신은 여전히 살아 있겠지만, 구멍은 계속 뜨거워집니다. 30초가 더 지나 약 21킬로미터를 내려가면, 그때 온도는 무려 540도나 됩니다. 출발하면서 냉동 피자를 들고 있었다면 아마 노릇노릇 익었겠지요. 그리고 당신도 피자와 마찬가지 운명일 겁니다.

상황은 점점 나빠집니다. 아무래도 당신의 시체조차 지구 반대편으로 가지는 못할 것 같네요. 지구의 중심은 태양의 표면보다 뜨거운 6,100도입니다. 이 온도에서 몸은 순식간에 증기화합니다. 원자로부터 전자가 떨어져 나가고 남는 것은 추락하는 플라스마뿐이지요. 아무래도 터널을 보강해야 할 것 같습니다. 터널에 비현실적으로 완벽한 단열재를 둘러야 합니다. 그렇게 할 건가요?

낙하하면서 터널의 벽에 부딪히지 않는다고 가정하면(부딪치면 속도가 느려지니까요) 불과 19분 만에 지구의 중심에 도착합니다. 이때의 속도는 시속 2만 9,000킬로미터입니다. 일단 중심을 통과하고 나면, 지구가 중심 쪽으로 당신을 다시 끌어당기기 때문에 속도가 점차 느려집니다. 하지만 낙하하면서 얻은 탄력 때문에 시작 지점과 같은 높이까지 올라갈 수 있습니다. 이 경우는 지구의 반대편을 말하지요. 놀이터에서 그네 탈 때를 생각하면 됩니다.

그러므로 현재의 기술로는 지구 중심의 극한 기온과 압력을 뚫고 구멍을 팔 수 없다는 사실을 모조리 무시한다면, 당신은 지구 반대편으로 갈 수 있을까요? 네, 갈 수 있습니다! 약 38분 11초가 지나면 당신은 지구 반대편에 도달할 겁니다.

　단, 지표에 올라와 닿는 순간 재빨리 출구 가장자리를 붙잡아야 합니다. 놓치면 다시 아래로 떨어져 이 과정을 처음부터 다시 시작해야 할 테니까요.

프링글스 공장을 견학하다가
감자 통에 빠진다면?

누구나 한 번쯤 공장을 견학해본 적이 있을 겁니다. 하지만 혹시 공장을 돌아보는 과정이 별로 재미없었나요? 그건 당신이 그 공장에서 만드는 생산품이 아니기 때문일지도 모릅니다. 그러면 한번 바꿔서 생각해봅시다.

당신은 프링글스(감자 칩) 공장 견학에 참석했습니다. 그리고 높은 곳에서 공장 내부를 구경하던 중, 감자를 잔뜩 싣고 가는 광경을 보고 감탄하다가 그만 감자 통에 빠져버렸습니다. 다행히 지금까지 프링글스 공장에서 죽었다고 알려진 사람은 없지만, 다른 공장에서 목숨을 잃은 사람들은 많습니다.

일례로 미국에서는 1902년에서 1907년까지 5년 동안 매해 500명 이상의 근로자가 공장에서 사고로 사망했습니다. 당시 공장 감독관의 연례 보고서에는 다음과 같은 사건들이 기록되었습니다.

· 벽돌 공장에서 한 근로자가 기계 벨트에 몸이 걸리는 바람에 피부가 전부 벗겨졌다.

· 어느 제재소 직원이 안전장치가 없는 대형 회전톱 위로 넘어져 몸이 두 동강 났다.

· 해군공창의 화력발전소에서 일하던 한 노동자가 거대한 플라이휠에 몸이 빨려 들어가 팔다리가 잘리고 몸통은 15미터 떨어진 벽에 내동댕이 쳐졌다.

프링글스는 1967년에 처음 만들어졌는데, 이때는 이미 오래전에 공장의 안전 기준이 개선된 후이므로 아직까지 프링글스가 된 사람은 없습니다. 하지만 당신이 감자 더미에 몸을 던진다면 달라지겠지요. 다음은 그 이후에 당신이 겪어야 할 일입니다.

우선 당신이 생감자와 함께 섞여 있다면, 제일 처음 향하는 곳은 가열장치입니다. 감자 칩을 만들려면 균일한 농도와 보존을 위해 315도의 뜨거운 바람으로 감자를 건조합니다. 사람의 몸은 수분을 유지하는 능력이 감자보다 뛰어나므로 완전히 건조하지는 못하겠지만, 어쨌든 세포가 고온의 열기를 좋아할 리는 없겠지요.*

---

* 인체를 건조하려면 차라리 동결건조법이 낫습니다. 냉동 후 건조한 환경에서 말리는 것이지요. 약 5,000년 전에 냉동 인간이 된 '외치Ötzi'는 이 과정이 자연적으로 일어난 예입니다. 외치가 죽은 지 얼마 안 되어 빙하가 시체를 덮고 완벽하게 보존했지요. 덕분에 과학자들은 그에 대해 몇 가지 사실을 알아낼 수 있었습니다. 외치는 화살을 맞고 어깨 동맥이 손상되어 죽었으며, 마지막

사람의 세포는 체온이 45도가 되었을 때까지도 기능합니다. 그러나 보통 42도 이상이 되면 매우 위험합니다. 왜냐하면 세포에는 질병에 대한 방어 작용으로 일종의 자폭 장치가 설치되어 있기 때문입니다.

바이러스는 우리 몸의 세포를 조종해 소규모 바이러스 제조 공장으로 바꿔버립니다. 감염된 세포가 파열되면서 바이러스를 방출하면, 그 바이러스가 또 다른 세포로 옮겨 가 감염하지요. 이런 바이러스의 생장을 늦추기 위해, 세포는 고열을 바이러스와의 전투 신호로 해석하고 세포가 장악되기 전에 스스로를 파괴합니다. 마치 영화 〈미션 임파서블 Mission: Impossible〉에 나오는 자동 폭파 메시지처럼 말입니다.

프링글스 공장의 이야기를 마저 해야겠군요. 오븐의 열기 때문에 체온이 오르면, 당신의 몸은 이를 바이러스의 침입으로 인한 고열로 해석해 자기 자신을 파괴하기 시작합니다. 체온이 42도 이상이 되면 너무 많은 뇌 세포를 잃은 나머지 심장박동 같은 결정적인 기능을 제어할 수 없게 됩니다.

이제 당신은 잘리고 으깨져 미세한 분말이 됩니다. 다음에 옥수숫가루, 밀가루와 섞여 팬케이크 반죽처럼 됩니다. 이후 압축 롤러로 들어가 4톤의 압력에 눌려 납작해지지요. 손을 압축 롤러 밑에 넣으면 농구공 크기만큼 납작해집니다. 그러나 운이 좋게도 당신은 이미 죽었고, 가루가 되어 감자 칩 반죽이 되었으므로 압축 롤러는 인간 반죽을 얇고 납작하게 누르는 것뿐입니다.

끼니로 곡식과 식물의 뿌리 및 과일을 먹었습니다. 혈액을 분석해보니 외치는 젖당불내증을 앓고 있어 아마 우유를 마시지 못했을 겁니다.

롤러를 통과한 당신의 종잇장 같은 몸은 칩 크기의 타원형으로 잘립니다. 모양을 찍어내고 남은 부분은 모아서 잘 뭉쳐진 뒤 다시 압축 롤러에 들어가지요. 이제 당신은 모두에게 익숙한, 오목한 프링글스 칩 형태가 됩니다.

'쌍곡포물면'으로 알려진 당신의 새로운 모습은 아무렇게나 만들어진 것이 아닙니다. 이 디자인은 슈퍼컴퓨터가 최초로 상업용으로 작업한 결과입니다. 당신의 새로운 형태는 완벽하게 반공기역학적이라 공장 컨베이어 벨트에서 날아가지 못합니다. 그리고 통 속에 딱 알맞게 들어가도록 제작되었지요.

잘 알려진 프링글스 모양을 갖추고 나면 끓는 기름 속에 정확히 11초간 튀겨집니다. 이미 당신은 열처리된 후 가루가 되어 눌리고 잘려서 죽은 상태입니다. 끓는 기름에서 건져진 후 당신의 표면에 맛이 가미됩니다. 미국에서는 주로 소금과 후추 맛 또는 랜치 드레싱 맛을 생산합니다. 좀 더 개성 있는 맛이 되고 싶으면 벨기에 메헬렌Mechelen에 있는 프링글스 공장에 가면 됩니다. 거기서는 고추냉이 맛이나 새우 칵테일 맛 프링글스가 만들어지니까요.

향신료를 뿌린 후 당신은 프링글스 통에 가지런히 넣어집니다. 당신은 최초로 프링글스가 된 인간으로서 통에 들어가지만, 흥미롭게도 프링글스 통에 묻힌 첫 번째 사람은 아닙니다. 이 특이한 기록은 프링글스 통의 발명자인 프레드 바우어Fred Baur의 것으로, 그는 자신의 재를 자기가 발명한 프링글스 통에 보관해달라는 유언을 남겼습니다.

그러나 당신은 '다수'의 프링글스 통에 들어간 최초의 인간입니다.

당신이 81킬로그램의 감자가 되었다고 가정하면, 수분을 제거하는 과정에서 몸무게의 60퍼센트를 잃게 됩니다. 그러나 프링글스는 42퍼센트만이 감자이므로 옥수숫가루와 밀가루를 첨가하면 무게가 다시 늘어납니다. 대충 계산하면 당신은 대략 4만 개의 칩이 된다는 결과가 나옵니다. 거의 400개의 통을 채우지요.

평균 미국인들이 매일 3억 개의 프링글스 칩을 먹는다고 하는데, 이는 약 300만 개의 프링글스 통에 해당합니다. 그래서 누군가 당신이 들어간 랜치 드레싱 맛 감자 칩을 즐기게 될 확률은 매우 낮습니다. 그러나 어느 불쌍한 영혼은 당신으로 가득 찬 통을 집어 들겠지요. 1900년대 초 미국 저널리스트 윌리엄 시브룩William Seabrook이 시도한 다소 엽기적인 실험 덕분에, 우리는 그 불운한 이들이 어떤 맛을 느낄지 짐작할 수 있습니다.

시브룩은 병원의 협조를 받아, 막 세상을 떠난 사람의 살점을 얻어 요리했습니다. 그는 맛과 색감, 질감, 냄새 면에서 송아지 고기와 가장 비슷하다고 보고했습니다. 42퍼센트의 송아지 고기, 약간의 옥수수와 밀, 랜치 드레싱이 가미된 칩의 맛이 어떨지는 여러분의 상상력에 맡기겠습니다.

엄청나게 큰 총으로 러시안룰렛 게임을 한다면?

총알이 100만 개쯤 들어 있는 총으로 러시안룰렛 게임에 도전한다면, 과연 목숨에 위협이 될까요? 아마 당신이 어느 날 온종일 아무것도 하지 않고 오로지 저 총을 머리에 대고 운명의 방아쇠를 딱 1번 당기는 것이 전부라면, 그날은 당신의 인생 중 가장 안전한 날이 될 겁니다.* 당신이 매일 감내해야 하는 일상의 위험(몇 블록 걷기, 몇 킬로미터 운전하기, 에어컨 실외기 밑으로 걸어가기 등등)을 모두 합치면 어마어마하게 큰 총으로 러시안룰렛에 도전하는 것보다 1.5배 더 위험합니다.

스탠퍼드대학교에서 의사결정을 분석하는 로널드 하워드Ronald

---

* 총을 놓치는 바람에 총 밑에 깔리는 위험은 무시하겠습니다. 탄환이 100만 개나 들어가는 스미스 앤드 웨슨Smith & Wesson 권총은 무게가 11만 킬로그램이나 되니, 머리에 총알이 박힐 걱정은 가장 뒤로 미뤄두어야 하니까요.

Howard 교수는 매일의 활동이 지니는 위험을 측정하고 비교하기 위해 마이크로몰트라는 단위를 고안했습니다. 1마이크로몰트는 특정 활동이 당신을 죽음으로 이끌 100만분의 1의 확률입니다.*

예를 들면 다양한 이동수단의 위험성을 마이크로몰트로 표현할 수 있습니다. 자동차로 400킬로미터를 달리는 것은 1마이크로몰트에 해당합니다. 오토바이는(심지어 카누도) 10킬로미터만 타도 1마이크로몰트입니다. 개인용 비행기를 모는 것은 13킬로미터에 1마이크로몰트로 아주 조금 더 안전합니다. 걷기는 27킬로미터, 자전거는 32킬로미터에 1마이크로몰트로 이보다 더 안전한 편이지만, 지금까지 가장 안전한 이동수단은 여객기(1,600킬로미터), 기차(9,700킬로미터)입니다.

모험심이 강한 사람에게는 이런 식의 러시안룰렛 게임이 재미없을 겁니다. 바닷가에 수영하러 가는 것? 3.5마이크로몰트입니다. 스쿠버 다이빙? 1번 할 때마다 5마이크로몰트입니다. 마라톤 경주는 놀랍게도 7마이크로몰트로 꽤 높은 편입니다.** 래프팅은 하루에 8.6마이크로몰트, 스카이다이빙은 무려 9마이크로몰트입니다. 모험가들은 스릴을 만끽하기 위해 평균적으로 10마이크로몰트 이상의 위험도 기꺼이 감수합니다. 그러나 진정한 도전자들은 더한 위험도 마다하지 않지요.

---

* 마이크로몰트는 '100만분의 1의 확률microprobability'이라는 단어와 '사망mortality'이라는 단어의 합성어입니다.

** 달리기 도중에 사망하는 가장 흔한 원인은 심장마비입니다. 대개는 기존에 환자가 가지고 있던 심장 질환에 의해 일어납니다. 다른 원인으로 저나트륨혈증이라는 상대적으로 희귀한 질환이 있습니다. 몸이 땀을 흘리면 수분뿐 아니라 염분도 함께 빠져나갑니다. 수분은 보충하면서 염분을 보충하지 않으면, 혈관 내 나트륨 수치가 떨어지면서 수분이 뇌 세포에 스며들어 뇌가 부어오릅니다. 좋지 않은 상황이지요. 뇌가 부어오르면서 두개골에 닿아 짓눌리면 구토와 단기 기억상실 증상이 나타납니다. 치료하지 않으면 죽을 수도 있습니다.

예를 들어 베이스점프(지상의 높은 곳에서 낙하산을 메고 뛰어내리는 스포츠-옮긴이)를 즐기는 사람들은 높은 곳에서 뛰어내릴 때마다 430마이크로몰트의 위험을 감수합니다. 에베레스트산의 베이스캠프 이상으로 등반하는 등산가들은 83번에 1번꼴로 사망하는 1만 2,000마이크로몰트의 위험을 안고 올라갑니다. K2 정상을 정복한 사람 10명 중 3명이 목숨을 잃었습니다.

베이스점프나 히말라야산맥에 도전하지 않는 80세 미만의 사람들에게는 세상에 태어난 날이 인생에서 가장 위험한 날입니다. 무려 480마이크로몰트지요. 오토바이를 타고 대륙 횡단 여행을 하는 것과 동일한 수치입니다.

우리는 의식적으로든 무의식적으로든 마이크로몰트에 돈의 가치를 부여합니다. 그리고 마이크로몰트를 줄이기 위해 기꺼이 돈을 지불하지요. 평균적으로 미국인들은 일상의 위험을 줄이기 위한 추가 안전장치에 50달러씩을 사용합니다. 예를 들어 1마이크로몰트를 줄이기 위해 차량에 에어백을 추가로 설치하는 것처럼 말입니다.

그러나 정부는 당신이 생각하는 것만큼 개인의 마이크로몰트에 가치를 두지 않습니다. 안전을 위한 도로 개선을 결정할 때 미국 교통국은 해당 조치로 얼마나 많은 마이크로몰트를 줄일 수 있을지 계산하고 그것을 비용으로 나눕니다. 운전자 1명당 1마이크로몰트를 줄이는 비용이 맥도날드의 빅맥 가격보다 더 나가면 그들은 개선안을 실행하지 않습니다.

그러나 100만분의 1 확률의 게임에서 지는 사람들도 있지요. 100만 개의 총알이 든 총으로 도전하는 러시안룰렛 문제로 돌아갑시다. 이 게임에 도전한 100만 명 중 평균 1명이 재수 없게 걸립니다.

머리에 총을 맞았다고 해서 반드시 죽는 것은 아닙니다. '아마도' 죽을 것이라고 말하는 것뿐이지요. 머리에 총상을 입은 희생자 중 5퍼센트는 살아남습니다. 뇌에는 충분히 여유가 있기 때문입니다. 뇌는 해야할 일을 한쪽 뇌에서 다른 쪽 뇌로 인계할 수 있습니다. 그리고 반드시 필요한 기능은 양쪽 뇌에서 모두 이루어지지요.

뇌는 좌뇌와 우뇌의 두 반구로 나뉩니다. 총알이 한쪽 반구만 망가뜨렸거나 한쪽 반구의 일부만 파괴했다면 생존의 기회는 훨씬 높아집니다. 다시 말해 총알이 이마로 들어가 뒤통수로 나온 경우가, 오른쪽 귀로 들어가 왼쪽 귀로 관통하는 경우보다 목숨을 부지할 확률이 크다는 뜻입니다(쇠막대가 머리를 관통했는데도 살아난 사람의 이야기를 56쪽에서 참조하세요).

머리를 통과하는 총알의 속도도 중요합니다. 고속으로 움직이는 소총탄은 두개골을 뚫고 예상치 못한 방식으로 튕겨 나갑니다. 마치 물수제비처럼 말입니다. 다시 말해 이마에 쏜 총알이 두개골에 맞은 후 위로 튀어 올라, 뇌에 심한 손상을 주지 않을 수도 있다는 말입니다.

권총의 경우 총알이 두개골을 맞춘 뒤 천천히 움직이는 돌처럼 직진하기 때문에 제대로 맞으면 나쁜 결과를 가져옵니다. 권총에서 쏜 총알이 세포 조직이 파열되는 속도보다 더 빨리 움직일 때가 있습니다. 다시 말해 총알이 이동할 때 총알이 움직이는 경로 밖으로 뇌를 밀어낸다는 뜻이지요. 총알이 통과하는 순간을 엑스레이로 찍는다면 실제 총알의 너비보다 총알이 지나간 흔적이 더 넓은 것을 볼 수 있을 겁니다.

그러나 엑스레이는 실제로 일어난 일을 감추기도 합니다. 총알의 경로에 있는 세포 조직과 신경 세포뿐 아니라 총알이 지나가는 양쪽의 세포들도 넓게 파괴될 수 있으니까요. 총알이 뇌를 통과하면 뒤쪽의 세포 조직이 함께 무너집니다. 뇌에서 이러한 진공 현상은 순식간에 일어납니다. 그리고 세포 조직은 넓은 면적의 신경을 파괴할 정도의 충격파를 발생시키는 힘에 의해 붕괴합니다. 근접 발사에서 살아남으려면, 손상된 위치가 어디인지가 회복 가능성을 좌우합니다. 그러나 기능을 분배할 수 있는 뇌의 능력 때문에 어떤 식으로 회복할지 정확히 예측하는 것은 불가능합니다.

거의 모든 사례에서 희생자들은 총탄이 머리를 뚫고 들어가는 순간 제일 먼저 '무언가 타고 있다'는 느낌이 들었다고 합니다. 이유는 아직 밝혀지지 않았지만, 뇌가 손상되었을 때 희생자들은 토스트가 타는 냄새를 맡았습니다.

그러나 당신은 이 모든 가능성을 걱정하지 않아도 됩니다. 직격탄을 맞으면 무슨 일이 일어났는지 뇌가 판단하기도 전에 죽을 테니까요. 다시 말하면 당신이 100만분의 1 내기에서 질 정도로 그렇게 운이 나빴더라도, 거기에서 살아남을 정도로 운이 좋을 수도 있다는 뜻입니다.

목성으로 여행을 떠난다면?

2013년 10월 9일, 미국 동부 시간으로 새벽 3시 21분. 미국 항공우주국 NASA 탐사선 주노 Juno가 초속 40킬로미터의 속도(총알의 50배 빠르기입니다)로 지구를 떠나 자료 수집차 목성으로 향했습니다. 주노에는 사람이 타고 있지 않았지만, 이 책에서는 당신이 탐사선에 올라타 마침내 2016년 7월 목성에 도착했다고 가정합시다. 다음은 당신에게 일어날 일들입니다.

목성은 거대 가스 행성입니다. 낙하산을 타고 뛰어내려도 구름 속을 지나듯 아무렇지도 않을 것처럼 보일지도 모릅니다. 그러나 이곳 사정은 다릅니다. 목성의 질량은 어마어마해서 몹시 뜨겁고, 내부의 압력은 지구에서 가장 깊은 바닷속도 저리 가라 할 정도입니다.

이 행성을 뚫고 들어가기가 너무 힘들어서, 아직 우리는 목성의 중심이 무엇으로 이루어졌는지조차 제대로 파악하지 못했습니다. 지금까지 탐색기들은 목성의 구름 밑으로 몇 킬로미터 내려가지도 못하고 눈 깜짝할 사이에 잡아먹혔습니다. 1995년 갈릴레오Galileo 호는 탐색기를 목성으로 내려 보냈는데, 이 탐색기는 58분 동안 가까스로 송신하다가 마침내 부서진 후 소각되었습니다. 당신도 운이 썩 좋지 않을 겁니다. 더구나 문제는 당신이 뛰어내리기 훨씬 전에 시작됩니다.

목성의 자기장은 태양의 방사선을 전지처럼 저장합니다. 지구도 마찬가지입니다. 그러나 목성은 지구보다 크고 자기장도 훨씬 강하기 때문에, 목성에서 32만 킬로미터나 떨어져 있어도 5시버트sievert (인체에 영향을 끼치는 방사선량을 측정하는 단위-옮긴이)의 방사선에 노출됩니다. 그리고 행성에 가까워질수록 노출량이 36시버트까지 증가해 구토를 하다 결국 죽게 될 겁니다. 인간의 치사량은 10시버트입니다.

그러나 당신이 우주선에 방사선을 차단할 만반의 준비를 하고 왔다고 합시다. 납과 파라핀납이면 괜찮겠네요. 덕분에 방사선에 노출되지 않고 목성을 향해 뛰어내릴 수 있게 되었습니다.

일단 탐사선의 갑판에서 발을 떼면, 목성의 거대한 중력이 초속 48킬로미터의 속도로 당신을 잡아당길 겁니다.* 이에 비하면 초속 0.8킬로미터로 날아가는 50구경 총알은 거의 걸어가는 수준이나 마찬가지네요. 목성의 상층 대기층에 진입하면 불과 4분 안에 낙하 속도는 초속 48킬

---

* 우주선 안에서 이 정도의 가속력을 받으면 죽습니다. 의자 등받이가 몸을 밀어붙이다 못해 뚫고 나갈 테니까요. 그러나 우주복을 입고 있다면 당장은 괜찮을 겁니다. 중력이 가속될 때 몸 전체가 함께 가속되기 때문에 내장이 한데 몰리는 일은 없겠네요.

로미터에서 시속 6.5킬로미터로 줄어듭니다. 이렇게 빨리 감속하면 당신은 230g의 충격을 겪게 되는데, 이는 16층짜리 건물에서 얼굴부터 떨어질 때의 충격과 맞먹습니다.

게다가 초속 48킬로미터로 낙하하면 주변 공기가 제때 길을 비켜주지 못해 압축되며 엄청나게 뜨거워집니다. 우주복은 무려 8,600도 이상으로 가열됩니다. 당신의 몸은 증기가 되면서 태양보다 밝은 빛을 내는 플라스마 덩어리로 변할 겁니다.

목성의 지표면에서 본다면(지표라는 게 있기는 하다면, 그리고 누군가 지켜봐줄 사람이 있기는 하다면요) 당신은 한 줄기 빛으로 날아가는 불공처럼 보이겠지요. 그러나 갈릴레오 탐색기는 대기에 진입할 때 열기를 제거할 수 있는 정교한 열 차단 장치를 장착하고 이 과정에서 살아남았습니다. 그러니 당신도 그중 하나를 잡아타고 어찌어찌 진입에 성공했다고 합시다.

이쯤이면 목성의 표면에 도달했다고 말할 수 있습니다. 표면이라고 해도 보이는 건 오직 구름뿐이지만요. 목성은 기체로 이루어졌기 때문에 당신은 아마 계속해서 낙하할 겁니다. 지구에서라면 1기압에서 새우 자세로 떨어질 때 종단속도가 시속 320킬로미터 정도 됩니다. 그러나 목성의 중력은 지구보다 훨씬 크지요. 목성의 1기압에서는 당신이 시속 1,600킬로미터로 낙하하게 됩니다. 엄청난 속도이긴 하지만, 적어도 더 이상 우주복이 녹지는 않을 겁니다. 바깥 온도는 영하 90도로 매우 춥고 대기에는 수소와 헬륨뿐이거든요. 하지만 우주복 안에는 산소 탱크와 전열기가 있어서 큰 문제는 없을 겁니다.

10분째 낙하하다 보면 당신은 3기압의 압력을 느낍니다. 이는 수면에서 30미터 아래에 있는 것과 마찬가지입니다. 다행히 신체 대부분이 물로 이루어져 있으므로 큰 압력에도 몸이 압축되지는 않습니다. 전문적인 스킨 다이버라면 3분 만에 200미터 이상 내려갈 수 있습니다. 21기압에 해당하는 압력이 짓누르는 곳이지요. 그다지 안전하다고는 할 수 없어도 목숨은 부지할 겁니다.

지구에서도 마찬가지지만 목성에서도 중심에 다가갈수록 기온이 올라갑니다. 이쯤이면 온도가 영하 70도로 올라가지요. 이곳의 구름은 얼음 입자로 이루어져 있는데 지구 대기층의 상층부와 비슷합니다. 그리고 바람이 최대 시속 720킬로미터로 불어대지요. 그러나 지금까지도 버텼으니 우주복 안에서라면 아직 괜찮을 겁니다.

낙하 25분째, 이제 기온은 21도로 훈훈합니다. 압력은 10기압으로 증가해 100미터의 물속과 똑같습니다. 10기압에서는 산소가 독소로 변합니다. 목숨을 잃지 않으려면 심해 스쿠버 다이버들이 사용하는 헬륨-산소가 섞인 산소 탱크로 전환해야 합니다.

낙하를 시작한 지 1시간이 지나면 정말 심각한 상황이 됩니다. 밖은 완전히 깜깜하고 기온은 200도가 넘게 올라갑니다. 몇 분 안에 당신을 죽이고 갈릴레오 탐색기의 납땜 부위를 녹일 정도로 뜨겁습니다. 이 상황에서 유일하게 기댈 수 있는 것은 단열이 아주 잘 된 우주복뿐입니다. 여기서는 당신이 그런 우주복을 입었다고 가정합시다.

당신이 낙하하는 동안 대기의 밀도가 점점 높아져 처음엔 물처럼, 나중에는 바위처럼 됩니다. 그러나 당신은 절대 목성의 표면에 다다르지 못할 겁니다. 증가하는 압력 속에서 대기가 서서히 계속 조밀해지니까요.

마침내 몸의 밀도가 행성의 밀도와 같아지면, 당신은 더 이상 가라앉지 않고 떠 있게 됩니다. 이제 기압은 지구의 1,000배나 되지요. 당신의 특별한 우주복도 더는 버티지 못할 겁니다. 엄청난 압력으로 인해 몸속의 공기가 빠져나갈 때 우주복도 함께 쭈그러듭니다. 가슴, 귀, 얼굴, 내장이 오그라들어 살과 핏덩어리로 한데 뭉쳐지겠지요.

여기에 열기까지 가해집니다. 이 정도 깊이라면 기온이 4,700도나 됩니다. 태양의 표면과 거의 맞먹는 온도지요. 당신의 몸이 증기화할 뿐 아니라 몸을 이루는 원자가 완전히 분해됩니다. 칠흑 같은 어둠 속에서, 타는 듯이 뜨거운 액체 수소 속을 떠돌아다니는 플라스마의 형태로 영원히 안치될 겁니다.

만일 겨우겨우 목성의 더 깊은 곳까지 들어간다면 그곳의 압력은 100만 기압이 넘습니다. 여기서는 흥미로운 일이 벌어집니다. 몸의 62퍼센트를 이루는 원자가 수소인데, 이 정도의 압력이라면 과학자들은 수소가 액체 금속으로 변한다고 예상합니다. 그래서 당신이 어찌어찌 목성의 엄청난 중력가속도와 열, 압력, 대기의 독성을 이기고 깊은 곳까지 간다면 마침내 영화 〈터미네이터 2〉의 악당과 비슷한 모습으로 변신할 겁니다. 꽤 멋지겠네요.

가장 치명적인 독극물을 먹는다면?

2006년 11월 1일, 알렉산드르 리트비넨코Alexander Litvinenko는 런던에서 전직 러시아 연방보안부KGB 요원들과 함께 식사를 했습니다. 리트비넨코 자신도 전직 KGB 요원으로, 영국 첩보기관에서 일하면서 러시아 정권에 공공연하게 반기를 들고 러시아 대통령 블라디미르 푸틴Vladimir Putin이 테러 활동과 암살을 지시했다고 비판하는 글을 썼습니다.

식사 후 리트비넨코는 속이 좋지 않았습니다. 구토와 배탈, 피로 등 식중독으로 의심되는 증상이 시작되었지요. 그러나 식중독과는 달리 날이 갈수록 증상이 심해졌습니다. 의사들도 이유를 알지 못했습니다. 머리카락이 빠지고 혈구 수치가 치솟았습니다. 리트비넨코는 결국 입원한지 3주 만에 사망했습니다.

부검 후 연구자들은 리트비넨코가 10마이크로그램(눈썹 1올의 절반

무게)의 폴로늄-210에 중독됐다는 결론을 내렸습니다. 폴로늄은 우라늄이 납으로 붕괴하는 과정에 생성되는 방사성 동위원소로, 강한 독성을 가지고 있습니다.

폴로늄-210은 반감기가 138일밖에 안 되지만 엄청난 에너지를 뿜어냅니다. 폴로늄 1그램이 최대 480도까지 열을 내고 140와트의 전기를 생성합니다. 폴로늄은 우주선에서 열원과 전원으로 이용됩니다. 어쩌면 스키 부츠와 장갑을 데우는 세상에서 제일 큰 보온기를 만들 수도 있겠네요.

폴로늄-210은 반응성이 매우 높고 파괴력이 센 알파선을 방출하지만, 에너지가 아주 짧은 거리에서 소멸하기 때문에 옷이나 종이 2장, 심지어 피부로도 그 영향을 막을 수 있습니다. 리트비넨코의 암살자는 아마 폴로늄을 작은 유리병 형태로 주머니에 넣고 다니면서도 별 문제 없었을 겁니다.

그러나 폴로늄은 독성이 매우 강하기 때문에 일단 피부 방어막을 뚫고 체내에 유입되면(예를 들면 직접 섭취하는 등) 방사능 중독으로 인한 죽음을 막을 수 없습니다. 하지만 폴로늄은 암살 무기로는 적합지 않은 물질입니다. 훈련된 개가 있다면 민망할 정도로 쉽게 추적할 수 있기 때문이지요. 분명 전직 KGB 요원들은 극소량의 폴로늄도 감지할 수 있는 장치가 있다는 사실을 몰랐을 겁니다. 조사관들은 범인이 비행기에서부터 리트비넨코와 만나기 전까지 묵었던 호텔 3군데를 따라 방사능을 추적했고, 마침내 리트비넨코가 마신 홍차 찻잔에서 폴로늄의 흔적을 발견했습니다(러시아 정부는 피고의 신병 인도를 거부했습니다).

리트비넨코가 독차를 마신 순간 그의 운명은 끝났습니다. 일단 체내에 흡수되면 폴로늄-210의 알파선은 몸에 무차별한 폭격을 시작합니다. 증상은 위와 장의 내벽에서 시작해 심한 구토와 통증을 동반하고 내부 출혈을 일으킵니다. 증상이 일찍 나타날수록 많은 양에 노출이 되었다는 뜻입니다. 노출 후 4시간 만에 증상이 나타났다면 아주 심각한 상황이지요.

혈구의 생산을 도맡은 골수는 특히 방사선의 영향을 받기 쉽습니다. 골수 세포가 방사선의 공격을 받아 파괴되면 백혈구와 적혈구 수치가 줄어들고 외부 감염에 매우 취약해집니다. 골수가 많이 파괴될수록 적혈구 생산량이 줄어듭니다. 마침내 혈액이 지나치게 묽어진 나머지 신체의 중요한 기관에 산소를 공급할 수 없게 됩니다. 그중 가장 중요한 기관이 심장입니다. 산소를 충분히 받지 못하면 심장이 작동을 멈추고 뇌로 흘러가는 모든 혈액이 차단됩니다.

겨우 1마이크로그램의 폴로늄-210으로도 사람을 죽일 수 있습니다. 그래서 폴로늄은 가장 독성이 강한 방사성 물질로 불리지만, 사실 세계에서 가장 독성이 강한 물질은 아닙니다. 폴로늄과 비교하면 보틀리눔botulism 독소는 500배나 더 독성이 강합니다.

2013년, 캘리포니아 보건당국은 보툴리눔 독소증에 걸린 아기의 대변 시료를 확보했습니다. 아기의 장은 미성숙하기 때문에 어른이라면 문제없이 넘길 수 있는 상황에서도 병에 걸립니다. 진단 검사는 매우 간단하며 항보툴리눔 혈청을 주입하면 생존 가능성도 큰 편입니다. 그러나 이번엔 의사들이 뭔가 다른 것을 발견했습니다. 과거에 알려지지 않은 형태의 보툴리눔 독소였습니다. 보툴리눔 H형으로 알려진 이 독소는 항혈청도 없고 믿기지 않을 만큼 독성이 강했습니다. 연구자들은 가공할 만한 이 독소의 위력에 놀라, 생화학무기로 개발하지 못하도록 균주의 DNA 염기서열을 비밀리에 보관했습니다.

보툴리눔 H형 독소는 불과 2나노그램이라는 극소량으로도 치명적입니다. 나노그램은 1그램의 10억분의 1입니다. 맨눈으로는 확인할 수도 없는 적혈구 하나가 10나노그램입니다. VX 가스는 지금까지 만들어진 가장 끔찍한 화학무기로 알려져 있는데, 아주 무시무시한 물질이지만 최소 10밀리그램이 치사량입니다.* 그러니까 보툴리눔 H형 독소에 비해 100만 배나 덜 효과적이지요.

보툴리눔 H형 독소는 어떤 식으로 작용할까요? 수영장 물에 스포이트로 보툴리눔 H형 독소 1방울을 떨어뜨리고 잘 섞으면, 이 오염된 수영장 물 1컵으로도 사람을 죽일 수 있습니다. 제대로 퍼진다면 독소 1방울로 100만 명의 목숨을 앗아갈 수도 있습니다. 독소 1컵이면 유럽 전체를 쓸어버리지요.

바이러스와 다르게 보툴리눔 H형 균은 몸에 들어가도 수를 불리지 않습니다. 이 독소의 또 다른 놀라운 성질이지요. 아주 소량으로 시작해

---

*VX 가스에 대해 간단히 설명하겠습니다. VX 가스는 원래 살충제로 개발되었으나 지나치게 독성이 강했습니다. 그러다 군대에서 VX 가스의 독성을 인지하고 화학무기로 전환했습니다. 원리는 다음과 같습니다. 인체의 신경 세포는 근육을 수축하고 이완하는 화학물질을 방출합니다. VX 가스는 이완하는 물질을 무력화해 근육이 수축할 수는 있지만 이완하지는 못하게 만듭니다. 이완하지 못하는 근육은 빨리 피로해지고 작동을 멈춥니다. 이런 증상은 특히 가로막에 치명적입니다. VX 가스에 노출되면 가로막이 움직이지 않아 결국 질식하게 됩니다. 전 과정이 일어나는 데 몇 분밖에 걸리지 않습니다. VX 가스는 피부에는 아무 영향도 미치지 않으므로 영화 〈더 록 The Rock〉에서와 달리 해독제는 심장이 아니라 허벅지에 투여됩니다.

양이 불어나지 않으면서도 신체의 기능을 효과적으로 무력화합니다.

우리 몸의 근육은 아세틸콜린acetylcholine이라는 화학물질에 반응해 수축합니다. 보툴리눔 독소는 근육의 아세틸콜린 수용기로 들어가 아세틸콜린이 들어갈 자리를 차지합니다. 따라서 아세틸콜린이 근육에 자극을 주지 못해 근육 마비가 일어나지요.

이러한 특징은 실제로 의학계에서도 다방면으로 적용됩니다. 보툴리눔 독소 중에서도 A형은 미용에 사용됩니다. 극소량을 피부에 주사하면 얼굴 근육을 이완시켜 주름을 제거합니다. 상업적으로는 '보톡스 Botox'라고 부르지요. 물론 보툴리눔 독소 H형은 절대 상업용으로 사용해서는 안 됩니다.

만약 당신이 보툴리눔 균으로 오염된 수영장 물을 마신 후 12~36시간이 지나면, 시야가 흐려지고 눈꺼풀이 흘러내리며 말이 어눌해집니다. 보툴리눔은 눈, 입, 목 등 뇌 신경이 조절하는 근육부터 공격합니다. 그리고 거기서부터 몸 전체로 퍼져 나가지요. 소화관의 근육이 음식을 제대로 아래로 내려 보내지 못해 변비가 옵니다.

보툴리눔 중독이 무서운 이유는 이 균이 환자의 정신에는 전혀 영향을 미치지 못한다는 점입니다. 전신이 마비되어도 정신은 말짱한 채 어떤 일이 일어나는지 다 인지합니다. 그러나 환자와 의사 모두 속수무책입니다.*

---

* 비교적 흔한 형태의 어떤 보툴리눔 독소는 치료 가능한 항혈청이 개발되었습니다. 이것에 중독된 환자 중에는 정신이 온전한 상태로 머리부터 발끝까지 마비되어 침대에 몇 개월씩 누워 있는 경우가 있습니다. 항혈청이 보툴리눔 독소를 제거하더라도 이미 차단된 신경은 죽은 것이나 다름없으므로, 환자는 신경이 새로 자랄 때까지 몇 개월을 기다려야 합니다.

마비는 머리에서 시작해 안면이 굳고 난 뒤 어깨와 팔로 이어지는데, 진짜 문제는 가로막이 멈추면서 시작됩니다. 가슴 근육 덕분에 폐가 확장해 공기를 들이마시는데, 이 근육이 마비되면 숨을 쉬기가 점점 버거워지는 것이지요. 몸무게 230킬로그램인 남성이 당신의 가슴에 올라앉아 짓누르는 것과 같습니다.

마침내 뇌를 지탱할 정도의 공기도 얻을 수 없는 지경에 이릅니다. 뇌 세포는 지속적인 산소 공급이 필요합니다. 산소에 굶주리고 15초 뒤면 바로 뇌 세포 수가 줄어들지요. 어떤 뇌 세포가 먼저 죽는지에 따라, 몇 분 뒤면 이 문장의 마침표보다도 작은 분량의 독으로 인해 뇌사가 진행됩니다.

긍정적인 측면도 있습니다. 당신의 시체는 매우 부드럽고 주름살 하나 없이 매끈하겠네요.

핵겨울을 나야 한다면?

냉전 시기, 미국과 소련 모두 핵무기로 세계를 파괴할 능력을 가지고 있다는 사실이 널리 알려졌습니다. 다만 이들이 얼마나 쉽게 핵전쟁을 일으킬 수 있는지는 대다수가 알지 못했지요.

오늘날 지구 온난화 과정을 분석하기 위해 세운 정교한 날씨 모델 덕분에, 상대적으로 규모가 작은 핵전쟁조차 지구에 최악의 뉴스를 전하리라는 것을 잘 알게 되었습니다. 소규모로 핵무장을 한 국가들 사이에서 전면전이 벌어졌을 경우를 시뮬레이션해보면, 수 메가톤급 핵폭탄 100여 개가 오갈 것이라고 합니다. 동시에 100개의 핵폭탄이 터진다면, 설사 당신이 지구 반대편에 있다 하더라도 좋지 못한 뉴스를 듣게 될 겁니다.

첫 번째 문제는 방사선입니다. 핵폭탄이 터지면 그 지역 전체가 방사선에 노출되고 무해한 원자가 위험한 원자로 바뀝니다. 이러한 핵의 사생아 중 최악은 스트론튬-90입니다. 스트론튬-90은 가볍습니다. 그래서 핵폭발이 몇 번 일어나지 않아도 얼마든지 지구 전체를 뒤덮고 식량원에 깊이 스며들 수 있습니다. 스트론튬-90의 성질은 칼슘과 비슷해서, 섭취했을 경우 뼈로 흡수됩니다. 1950년대 실외에서 핵실험이 진행된 이후 태어난 아이들의 치아에서는 스트론튬-90의 수치가 50배나 높았다고 합니다. 다행히 심각한 문제를 일으키는 임계치를 넘지 않았지요. 그러나 핵실험과 달리 핵전쟁이 일어나면 그 임계치는 쉽게 초과할 겁니다.

스트론튬-90이 뼛속에 유입되면 방사성 붕괴 시 방출되는 에너지가 세포의 DNA를 파괴해 뼈암과 백혈병을 일으킵니다. 당장 초기의 핵폭탄 공격에서 살아남았다고 하더라도, 뼈암에 걸릴 것을 예상해야 합니다. 그러나 그조차도 핵폭발 시 발생한 연기, 재, 그을음에서 살아남은 후의 일입니다.

초기 폭발에서 발생한 먼지가 걷히더라도 완전히 깨끗해지지 않는다는 게 다음 문제입니다. 수 메가톤급 폭탄 100개가 공중에서 폭발하면 대기 상층부에 탄소가 직접 배포될 뿐 아니라, 산림과 도시에서 대규모 화재가 발생해 대량의 연기가 분출됩니다. 게다가 폭발로 인해 엄청난 양의 미세먼지가 공중으로 떠오른 후 햇빛에 가열되어 성층권에서 모이게 될 겁니다.

캠핑할 때 모닥불에서 피어오르는 연기는 구름 밑에 머물러 있다가 비가 내릴 때 함께 씻겨 내려갑니다. 그러나 방사능 낙진의 경우에는 연기와 재가 구름보다 위로 올라가기 때문에 비로도 씻을 수 없습니다. 그래서 구름 위에 여러 해 동안 머물며 해를 가릴 겁니다.

수치를 가장 보수적으로 잡은 환경 시뮬레이션에서조차, 핵폭탄 100개가 터지면 햇빛을 차단해 평균 지구 기온이 몇 도나 낮아진다는 결론을 내놓았습니다. 지구의 온도가 갑자기 몇 도나 낮아지면 세계의 식량 시장에 재앙이 찾아옵니다. 서리 1번에 논 전체의 벼가 죽을 수 있기 때문이지요. 쌀 생산에 심각한 차질이 생기면 20억 인구가 목숨을 잃을 겁니다.*

100개의 핵폭탄으로 인해 핵겨울이 찾아오면 세계 인구의 3분의 1이 폭발과 기아, 암으로 죽을 겁니다. 그러나 인간이라는 종은 어찌되었든 계속 명맥을 유지할 수 있을 겁니다. 반면 수소폭탄이 수천 번씩 번갈아 터진다면 인류의 운명은 끝장납니다. 1983년 11월 미국과 소련 사이에 찾아왔던 위기처럼 말입니다.

1983년 11월 7일 미국은 나토NATO 군을 이끌고, 핵무기로 소련을 선제공격하는 상황을 가정한 대규모 군사 훈련 '에이블 아처 83Able Archer 83'을 실시했습니다. 그런데 소련은 이 훈련이 실제 공격을 가장하기 위한 속임수에 불과하다고 믿었지요. 그 대응으로 소련은 헬리콥터를 이용해 미사일을 저장탑까지 실어 나르고 공군을 움직이며, 미국도 같은 방식으로 대응하도록 자극했습니다.

그러나 천만다행으로 미국 공군 중장 레너드 퍼루츠Leonard Perroots는

---

* 핵전쟁 방지를 위한 국제의사회International Physicians for the Prevention of Nuclear War의 분석에 따르면 이 경우 세계적인 쌀 생산량은 21퍼센트, 옥수수는 10퍼센트, 콩은 7퍼센트 감소합니다.

소련의 행위를 단순한 훈련이라 판단하고 아무런 조치도 취하지 않았습니다. 결국 미국의 무대응이 소련을 진정시켰지요. 이 사건에 대한 기밀이 해제된 후 분석된 바에 따르면, 퍼루츠 중장은 "몰라서 그랬다면 그 야말로 행운이었던" 결정을 내렸습니다. 인류사에서 가장 운 좋은 실수라고 할 수 있습니다.

만약 오해가 커져 핵전쟁으로 번졌다면, 수 메가톤급 폭탄 수천 개가 지구를 가로지르며 표적을 향해 돌진했을 겁니다. 기본적으로 인구 10만 명 이상의 큰 도시가 표적이 될 것이므로, 당신이 대도시에 살지 않는다면 폭탄에 직접 희생되지는 않을지도 모르겠네요. 하지만 결국 오래 살지는 못할 겁니다.

핵폭발 이후 불과 2주가 지나면 1억 8,000만 톤의 연기, 그을음, 먼지가 검은 페인트처럼 지구 전체를 뒤덮은 채 머무를 겁니다. 태양의 조도는 오늘날보다 몇 퍼센트 줄어 한낮에도 동트기 전처럼 어둑할 겁니다. 북아메리카에서는 한여름 낮 기온도 영하로 내려갑니다. 그나마 좋은 소식은 난방을 위한 땔감이 많아진다는 것, 나쁜 소식은 당신이 굶주린다는 것입니다. 곡물들은 죽어갈 것이고, 추위에서 간신히 살아남은 곡물은 다른 문제에 시달립니다. 바로 벌레의 습격입니다.

바퀴벌레는 방사성 물질에 노출되어도 끈질기게 살아남습니다. 그러나 바퀴벌레의 천적은 그러지 못하지요. 번식을 제한하는 새들이 없다면 곡식을 먹는 해충은 크게 번성합니다. 해충은 추위를 가까스로 이겨낸 곡식을 전멸시킬 겁니다.

그러나 일종의 긍정적인 측면도 있습니다. 바퀴벌레는 곡식을 단백

질로 바꾸는 데에 소보다 훨씬 효과적이고 뛰어납니다. 새로운 종말의
세계에서는 수많은 바퀴벌레가 돌아다니겠지요. 바퀴벌레는 비타민 C,
단백질, 지방이 풍부한 건강식품입니다. 당신의 입맛이 까다롭지 않다
면 생각보다 오래 살아남을지도 모르겠네요.

살아남고 싶다면 하루에 바퀴벌레 144마리만 먹으면 됩니다. 웩.

금성에서 휴가를 보낸다면?

　금성을 방문한다면 목성에 낙하할 때처럼 죽음의 잔치가 벌어지지는 않겠지만, 여전히 즐거운 나들이로 보기도 어렵습니다. 우주 깊은 곳에서 금성의 대기로 하강하는 것은 상대적으로 즐거운 일입니다. 금성의 중력은 지구와 비슷하므로 그리 빨리 낙하하지는 않겠지요. 지구로 재진입할 때와 크게 다르지 않아 비슷한 방식으로 난관을 극복할 수 있습니다.

　당신이 해야 할 일은 일단 미국 우주항공국 NASA의 우주왕복선에 몸을 싣는 겁니다. 그러면 이 행성의 47킬로미터 상공에 온전한 상태로 도달하게 될 겁니다(우주선을 타지 않을 때 벌어지는 일에 대해서는 107쪽을 참조하세요). 이제 금성을 향해 고도 47킬로미터에서 표면으로 하강하면서부터 문제가 시작됩니다.

가장 먼저 비구름을 조심해야 합니다. 왜냐하면 금성에서는 보통의 물로 이루어진 비 대신 자동차 배터리에서나 볼 수 있는 황산 비가 내리기 때문입니다. 황산 비는 우주왕복선의 금속이 노출된 부분을 모두 부식시킬 겁니다. 우주선에 타지 않고 맨몸으로 하강 중이라면 피부에 구멍을 뚫겠지요. 그러니 우주왕복선의 창문은 다이아몬드 재질로 만들어야 합니다. 다이아몬드는 열과 황산에 강하기 때문에 매우 탁월한 선택이지요. 실제로 NASA의 금성 착륙선은 카메라 렌즈로 205캐럿짜리 공업용 다이아몬드를 사용했습니다.*

금성의 비구름이 위험한 두 번째 이유는 번개 때문입니다. 금성에 번개가 존재한다는 사실은 과학자들이 비교적 최근에 확인했습니다. 그래서 번개가 구름 안에서만 발생하는지, 아니면 지면까지 벼락이 떨어지는지까지는 아직 모릅니다. 어느 쪽이든 당신이 우주왕복선 안에 있다면 우주선 외벽이 자동차처럼 전기를 차단해 번개로부터 당신을 보호할 겁니다. 물론 우주선 밖에 있다면 황산이 만들어낸 번개에 맞겠지요 (번개를 맞으면 어떤 일이 일어나는지는 95쪽을 참조하세요). 별로 아름답지 못한 광경이 펼쳐질 겁니다.

일단 구름 밑으로 내려온 후에는 낙하산을 이용해 속도를 줄여야 합니다. 그런데 안타깝게도 금성에는 대단히 심각한 온실가스 문제가 있습니다. 금성의 대기 중 96퍼센트가 이산화탄소거든요. 다시 말해 대기가 엄청난 열을 가둔다는 뜻이지요. 이 행성의 낮 기온은 460도에 달

---

* 연구 목적임을 증명한다면 아마 정부에서 압수해두었던 다이아몬드를 제공할 겁니다.

하는데, 열을 저장하는 능력이 뛰어나다 보니 한밤중이 되어도 납이 녹을 정도로 뜨겁습니다. 최악의 지구온난화가 일어난 상황이라고 생각하면 됩니다.

일반적인 폴리에스터나 나일론 낙하산이라면 130도에서 녹습니다. 따라서 낙하산을 펼치자마자 몇 초 만에 녹아 없어질 겁니다. 당신에게 데이크론Dacron이라는 합성섬유를 추천합니다. 실제로 금성 착륙선에 사용한 재질인데 황산에도 강하고 260도가 되어야 녹습니다. 데이크론 역시 금성의 대기에서 녹아버리겠지만 잠시나마 사용할 수 있을 겁니다. 사실 그 정도로도 충분합니다. 금성의 공기는 밀도가 물의 7퍼센트 정도로 아주 빽빽해서, 불시착하더라도 죽지 않을 만큼 느리게 낙하할 테니까요.

러시아인들이 금성에 착륙선을 내려 보냈을 때, 그들은 녹는 낙하산, 부풀어 오르는 열기구, 파손 착륙을 모두 조합한 덕분에 성공했습니다. 착륙선은 열기로 인해 전기 부품이 모두 녹기 전까지 52분 동안 데이터를 전송했습니다.

비현실적일 정도로 강력한 에어컨, 약간의 운과 기술이 있다면 당신은 금성에 발을 딛고 주위를 한 번 휙 돌아볼 정도의 시간은 가질 수 있을 겁니다. 하지만 실망하겠지요. 이 행성은 로스앤젤레스를 타히티 섬처럼 보이게 하는 27킬로미터의 스모그를 구름 담요처럼 1년 내내 덮고 있기 때문입니다. 스모그가 너무 두꺼워서 한낮이라도 해질 무렵처럼 보일 겁니다.

금성의 중력은 지구의 90퍼센트입니다. 그래서 몸은 중력에 쉽게 적응하겠지만, 이곳의 공기는 지구의 50배나 밀도가 높습니다. 그래서 뛰고 싶어도 도끼를 든 살인마에게 쫓기는 악몽에서처럼 느린 동작으로 움직일 수밖에 없습니다.

밀도가 높은 대기는 공기가 들어 있는 신체 부위에 문제를 일으킵니다. 금성의 표면에서는 수심 900미터의 물속에 들어가 있는 것과 마찬가지의 압력을 느낍니다. 우리 몸은 대부분 물로 만들어졌기 때문에 압축되지 않습니다. 그러나 약간의 공기도 들어 있지요. 그 부분은 압력을 받으면 쭈그러집니다. 얼굴은 야구방망이로 얻어맞은 것처럼 함몰되어 귀가 안쪽으로 우그러들고 눈도 쑥 들어갈 겁니다. 목과 후두부가 조여지면서 목둘레가 줄어들고, 위와 장이 안쪽으로 쭈그러지면서 허리둘레도 몇 센티미터 작아질 겁니다.

폐는 몸에서 기체가 차지한 공간이 가장 많은 부분입니다. 그러나 모든 수단을 동원해 폐를 팽창된 상태로 유지한다고 해도, 어차피 금성에서는 쓸모가 없습니다. 금성의 대기는 95퍼센트가 이산화탄소로 이루어졌기 때문입니다. 1번만 숨을 들이마셔도 당신의 몸은 산소를 달라고 아우성칠 겁니다. 고통스러운 15초가 지나면 의식을 잃겠지요.

금성에서의 마지막 문제는 당연히 열입니다. 기온이 460도인 곳에서 수영복만 입고 있다면 몇 초 만에 죽을 겁니다. 비록 연소에 필요한 산소가 없으므로 불에 타지는 않겠지만요. 몸에 불이 붙지 않아도 세포는 460도에서 작동을 멈춥니다. 활활 타는 불의 온도나 다름없으니까요. 그리고 단백질이 변성되지요. 당신의 몸은 순식간에 '웰던' 상태에서 '그을린 뼈'가 되었다가 며칠 만에 한 줌의 '재'가 될 겁니다.

앞서 말한 화장터 수준의 열기, 심해 수준의 압력, 들이마실 산소가 없다는 조건 외에도 금성에서 죽는 방법은 여러 가지입니다. 그러나 아무리 해도 당신을 죽일 수 없는 1가지 방법이 있습니다. 바로 추락사입니다.

이 행성의 공기는 너무 빽빽해서 추락하더라도 바닥에 부딪힐 때의 속도가 시속 18킬로미터에 불과합니다. 지구에서 1.5미터 높이의 바위에서 뛰어내릴 때와 같은 속도이지요. 금성에서는 아무리 높은 절벽에서 뛰어내려도 추락사하는 일은 절대 없습니다. 떨어지는 동안에 죽을지는 몰라도 말입니다.

요약하자면, 용광로에서 죽고 싶은 게 아니라면 금성은 함부로 찾아갈 만한 곳이 못 됩니다. 하지만 고소공포증이 있는 사람에게만큼은 환상적인 장소가 되겠네요.

모기떼의 공격을 받는다면?

말라리아모기 암컷은 역사상 인간을 가장 큰 위험에 빠뜨린 단일 생물체입니다. 누군가가 추정한 바에 따르면 석기시대 이후로 인류의 반을 죽음으로 이끈 원인이라고까지 합니다. 물론 모기에게 모든 책임을 돌릴 수는 없습니다. 진짜 살인자는 말라리아니까요. 말라리아는 모기에 히치하이크한 기생성 원생동물이 일으키는 병입니다.

매해 2억 4,700만 명이 말라리아에 걸립니다. 그중 100만 명이 사망합니다. 게다가 모기에게 물리는 것은 짜증나는 일입니다. 모기의 침에는 항응혈제가 들어 있는데 대다수의 인간이 이 물질에 알레르기가 있지요. 이렇게 생각하는 것은 인간만이 아닙니다. 알래스카에 서식하는 순록인 카리부caribou들도 모기를 피해 더 추운 곳으로 이동하는 경향이 있습니다.

물론 모기가 우글거리는 곳을 피해 다니는 것도 카리부만이 아닙니다. 중앙아메리카, 남아메리카, 아프리카의 거대한 정글 지대는 모기 때문에 초기 모험가들이 통과할 수 없었습니다. 아마존 열대우림이 보존된 이유도 어쩌면 모기 때문이었는지도 모릅니다.

　파나마 운하를 건설하려는 첫 번째 시도는 1881년 프랑스의 주도로 시작되었습니다. 그러나 잘 진행되지 않았지요. 파나마 정글에는 독사와 독거미가 득시글거렸습니다. 독사와 독거미 역시 성가신 놈들이지만, 모기에 비하면 하찮은 존재였습니다.

　말라리아는 프랑스 노동자들의 사기를 완전히 떨어뜨렸습니다. 운하 건설이 절정에 달했을 때는 모기로 인해 1달에 거의 200명의 노동자가 사망했습니다. 준공 날짜가 늦춰지고 비용이 늘어나는 바람에, 결국 9년 후 운하 건설 프로젝트는 실패로 끝났습니다. 그로부터 20년 후 의사들이 말라리아와 모기의 관계를 밝혀낸 후에야 미국의 주도로 운하가 완성되었지만, 여전히 그 과정에서 5,600명의 목숨이 희생되었습니다.

　말라리아가 없는 나라에 살면서도 모기를 때려잡는 사람들에게는 여전히 의문이 있습니다. 원생동물이 아니어도 모기가 사람을 죽일 수 있을까? 아주 많은 모기에게 물어뜯기면 피가 말라버릴까? 수천 마리의 모기에 물리면 죽을 수도 있을까?

　모기는 1번 물 때마다 소량의 피를 앗아갑니다. 그 정도라면 일상적인 캠핑에서 모기에 물리는 것은 문제가 되지 않습니다. 소량의 피를 잃는 것은 충분히 감당할 수 있으니까요. 그러나 만약 당신이 알래스카의 노스슬로프North Slope 지역에서 캠핑하다가 거대한 모기떼에 벌거벗은 채로 둘러싸인다면 이야기가 달라집니다.

우리는 어떤 일이 일어날지 상세히 알고 있습니다. 북극의 어느 용 감한 연구원들 덕분이지요. 이들은 소위 무모하다고 부르는 용기를 가 지고(약간의 보드카를 들이켠 후) 윗옷을 벗은 채 밖으로 나가는 모험을 감행했습니다. 이들은 뿌연 모기 구름 속으로 들어가 딱 1분간 서 있 다가 재빨리 들어와 얼마나 물렸는지 확인했습니다. 이들은 각각 무려 9,000방 이상을 물렸습니다!

모기는 1번 물 때 약 5마이크로리터의 피를 빨아 먹습니다. 사람의 혈관에는 약 5리터의 혈액이 돌아다니는데, 이는 약 모기 100만 마리의 식사량에 해당합니다. 그러므로 다음 캠핑 때 모기에게 몇 방 물린다고 해도 생명에는 지장이 없습니다. 그러나 1분에 9,000방은 다른 문제입 니다.

만일 당신이 무모하게 벌거벗은 과학자들을 따라 윗옷을 벗고 모기 떼 속으로 들어간다면 다음과 같은 일이 일어날 겁니다. 고난을 자처한 후 약 15분이 지나면, 당신은 전체 혈액의 15퍼센트를 잃게 됩니다. 이 는 1번 헌혈할 때 뽑히는 피의 양과 거의 비슷합니다. 약간의 불안감과 가려움증을 경험하겠지만, 오렌지 주스 1잔과 쿠키 1개면 회복할 수 있 습니다.

그러나 30분이 지나면 모기는 당신이 가진 피의 30퍼센트를 빨아 먹습니다. 혈압이 낮아지고, 심장은 이를 보완하기 위해 펌프질 속도를 높이지요. 동시에 팔다리 끝이 차가워지는 것을 느낍니다. 이는 인체가 손과 발을 희생해서 중요한 내부 기관으로 산소를 공급하는 데 집중하기 때문입니다. 동시에 산소 결핍을 보완하려고 호흡률이 증가합니다.

40분째 모기에게 피를 내주면 2리터를 잃고 치명적인 상태에 빠집니다. 마음이 불안하고 혼란스러워집니다. 심장은 1분당 100회 이상으로 빠르게 뜁니다. 몸이 남아 있는 피와 산소를 뇌와 심장, 신장에 집중적으로 몰아주기 때문에 팔다리의 세포 조직은 굶주리다 못해 죽어버립니다.

45분 후, 40만 방 이상 물리게 되면 2리터 이상의 피를 잃습니다. 이쯤이면 심장은 최소한의 혈압도 유지할 수 없어 심정지가 따르는 쇼크 상태에 들어갑니다. 폐에서 산소를 운반하는 데 필요한 혈류량이 부족해 뇌 세포가 죽기 시작합니다. 몇 초 만에 혼수상태에 빠지고 치유할 수 없는 뇌 손상을 겪습니다. 어떤 뇌 세포가 죽느냐, 또 어떤 순서로 죽느냐에 따라 심정지에서 완전한 뇌사에 이르기까지 3~7분 정도 걸릴 겁니다. 그리고 '모기에 항복한 사람들(인류의 절반)'에 가장 괴이한 방식으로 합류하게 되겠지요.

인간 포탄이 된다면?

서커스에서 흔히 볼 수 있는 인간 포탄은 쇼를 위해 제작한 대포에서 쏘아 올립니다. 기본적으로 이 대포는 바닥에 스프링이 달린 긴 관에 불과합니다. 기록에 따르면 60미터까지 사람을 쏘아 올린 적이 있다고 합니다. 계산해보면 시속 110킬로미터로 발사했다는 결론이 나옵니다. 이때 안전그물을 적절히 배치한다면 완벽하게 안전하다고는 볼 수 없어도 살아남을 수는 있습니다. 그러나 이 일로 여러 명이 목숨을 잃었지요. 물론 실제 대포의 탄환이 되는 것보다는 훨씬 안전합니다.

현대의 포탄은 시속 수천 킬로미터의 속도로 날아갑니다. 그 기분을 만끽해보려고 대포 안으로 기어 들어간 후 친구에게 부탁해 대포를 발사했다고 해봅시다. 이 시도에는 많은 위험이 따르지만, 그중 2가지만 말해볼까 합니다.

일단 가속도의 문제가 있습니다. 대포가 발사되는 순간, 당신은 100분의 1초 만에 정지 상태에서 시속 6,100킬로미터로 가속됩니다. 이는 1만 7,000g에 해당하는 충격을 줍니다. 우주비행사의 경험치보다 2,000배는 더 크지요. 순간적으로 당신의 몸무게는 110만 킬로그램이 됩니다. 그로 인해 두개골과 뼈는 내장 기관, 살, 근육 등의 연한 조직과 함께 순식간에 함몰되고 오직 몸속의 액체 성분만이 남게 됩니다. 그래서 당신은 인간의 형태를 잃어버린 채 대포 내벽에 얇게 들러붙은 으스러진 뼈와 살, 붉은 액체가 되어버릴 겁니다. 그러나 대포 밖으로 나오면 상황은 더 악화됩니다.

시속 6,100킬로미터로 움직이는 물체는 공기와 엄청난 마찰을 생성합니다. 그리고 열이 발생하지요. 일례로 전투기의 표면은 무려 315도에 달합니다. 이것이 당신의 시체 대부분을 구성하는 '물'에 문제를 일으킵니다.

붉은 액체로 된 얇은 원판이 되어 대기를 가르고 날아가는 것은 오로지 꿈에서나 가능한 일입니다. 당신이 맞이할 최후의 모습은 음속의 5배나 빠른 속도로 대기 중에 발산되는 극도로 뜨거운 김이 될 테니까요. 어이쿠.

고층 빌딩 꼭대기에서
떨어진 동전에 맞는다면?

나쁜 소식입니다! 엠파이어스테이트 빌딩 꼭대기에서 떨어진 10원
짜리 동전에 머리를 맞아도 동전이 두개골을 관통하는 일은 없을 겁니
다. 떨어지는 동전의 종단속도는 고작 시속 40킬로미터 정도에 불과하
거든요. 10원짜리는 가볍기도 하고, 떨어질 때 회전해 표면적이 넓어지
므로 그다지 치명적인 발사체가 되지 못합니다. 미국에서 통용되는 동
전 중 가장 무거운 아이젠하워 은화Eisenhower dollar조차 머리에 맞으면 따
끔한 정도 이상은 아닐 겁니다.

이 사실을 알고 나면 사람들은 모두 실망합니다. 높은 곳에서 떨어
지는 동전을 맞아 머리에 구멍이 생기고, 연기가 폴폴 나는 만화 속 장
면에 대한 인상이 너무 강렬하기 때문이지요. 사람들은 대부분 진실을
받아들이려 하지 않습니다.

그러나 엠파이어스테이트 빌딩 꼭대기에서 떨어졌을 때 사람이 맞으면 크게 다치는 다른 물체들이 있습니다. 다만 10원짜리 동전이 말해주듯, 떨어지는 물체를 보았을 때 어떤 것은 손으로 잡아도 되고 어떤 것은 보자마자 즉시 도망쳐야 하는지에 대한 직감이 항상 맞는 것은 아닙니다. 흔한 도시민의 딜레마를 해결하기 위해, 엠파이어스테이트 빌딩 밑을 걸을 때 주의해야 할 점을 정리해보겠습니다.

고층빌딩 꼭대기에서 이런 물체가 떨어지는 것을 보면 아래와 같이 행동하세요.

야구공: 야구 장갑을 준비했다면

엠파이어스테이트 빌딩 꼭대기에서 떨어지는 140그램짜리 야구공의 속도는 시속 153킬로미터에 이릅니다. 이 정도면 메이저리그에서도 꽤 빠른 공이지요.* 이 공이 머리를 때리고 튀어 나가면 아마 뇌진탕을 일으킬 겁니다. 하지만 여기서 기록을 세울 기회가 있습니다.

1939년, 샌프란시스코 실스San Francisco Seals 팀의 포수 조 스프린츠Joe Sprinz는 약 240미터 높이에 떠 있는 소형 비행선에서 떨어뜨린 야구공을 잡아 세계 기록을 세웠습니다. 공이 야구 장갑에 부딪히면서 얼굴을 세게 치는 바람에 이가 몇 개 부러지고 턱이 골절됐지만요.

2013년에 잭 햄플Zach Hample은 320미터로 스프린츠의 기록을 갈아

---

* 떨어지는 공의 속도를 메이저리그 투구와 비교한다면, 실제로는 시속 166킬로미터의 강속구를 잡는 것과 마찬가지입니다. 왜냐하면 속도 측정기는 공이 투수의 손을 떠나는 순간의 속도를 재기 때문입니다. 공이 타자에 도달할 무렵에는 시속 153킬로미터였던 공이 시속 140킬로미터로 속도가 떨어집니다.

치웠습니다. 그는 포수 마스크를 썼지요. 엠파이어스테이트 빌딩은 높이가 381미터이므로, 당신은 신기록을 세우거나 아니면 공에 맞아 뇌진탕을 일으킬 겁니다.

즉 엠파이어스테이트 빌딩 꼭대기에서 떨어지는 야구공을 본다면, 얼른 야구 장갑을 집어 드세요. 보호 장비를 챙겨 입는 것도 좋습니다. 단, 시속 150킬로미터보다 느린 공에 맞아서도 사망한 사람이 있음을 밝혀둡니다.

포도: 좋은 시력과 큰 입을 가졌다면

포도의 종단속도는 약 시속 105킬로미터입니다. 이 정도면 머리에 부딪혀도 해를 입힐 수준은 아닙니다. 단, 떨어지는 포도를 손이 아닌 '입'으로 받은 세계 기록은 1988년에 폴 타빌라 Paul Tavilla가 세운 240미터입니다.

그러니 만약 당신이 빌딩 위에서 떨어지는 포도를 본다면 일단 진짜 포도인지, 포도처럼 생긴 다른 단단한 물체가 아닌지 먼저 확인한 후 입을 크게 벌리세요.

축구공: 헤딩은 하지 마세요

축구공은 상대적으로 크고 가볍습니다. 느리게 떨어지는 편이지요. 누군가 엠파이어스테이트 빌딩 꼭대기에서 축구공을 세게 집어 던진다고 해도 종단속도가 시속 87킬로미터를 넘지 않을 겁니다.

하지만 축구 선수들은 대개 공을 손으로 던지지 않고 발로 찹니다.

가장 빠른 축구공의 기록은 시속 212킬로미터입니다. 애써 그 앞에 머리를 대고 있어도, 두통과 뇌 세포 몇 개 소실되는 결과 이상은 아닐 겁니다.

그렇다면 엠파이어스테이트 빌딩 꼭대기에서 떨어진 축구공이 당신의 머리에 맞고 얼마나 높이 튀어 오를까요? 축구공의 반발계수(물체가 어떤 물질에 부딪혀 튀어 오른 뒤에 보유하는 에너지의 양. 이 경우 어떤 물질은 당신의 머리입니다)는 0.85입니다. 아마 4층 높이까지 튕겨 올라갈 겁니다.

즉 축구공은 잘 튀기는 하나 치명적이지 않네요. 더 잘 튀는 물체를 찾고 싶다면 고무공을 떨어뜨려보세요. 고무공의 경우 종단속도가 시속 110킬로미터로 그다지 치명적이지 않습니다. 하지만 반발계수가 0.90으로 대단히 높지요. 고층빌딩에서 떨어뜨리면 24미터 높이까지 다시 튀어 오를 겁니다.

볼펜: 클립이 달리지 않은 펜이라면

어떤 펜이냐에 따라 다릅니다. 셔츠에 꽂는 클립 부분이 없는 볼펜이라면 떨어지면서 회전하기 때문에 속도가 느려져 해를 주지 않을 겁

니다. 반면, 클립이 있는 철제 펜이라면 원래 우리가 10원짜리 동전에서 예상했던 대로 머리에 구멍을 뚫을 겁니다. 왜 그럴까요?

클립이 화살 깃 역할을 해 펜이 곧장 아래를 향해 떨어지기 때문입니다. 이 펜은 시속 305킬로미터까지 속도가 올라갈 뿐 아니라 뾰족한 막대의 형태로 머리에 꽂힐 겁니다. 막대 형태는 낙하 도중 항력을 받지 않고 가속되기 때문에 효과적으로 구멍을 뚫을 수 있습니다. 그래서 대전차용 탄약이 막대 모양이지요.

결론적으로, 화살 깃 효과와 막대 가속도가 추가로 작용하기 때문에 클립이 달린 볼펜에 맞는다면 두개골에 구멍을 뚫고 뇌를 관통할 겁니다. 고층빌딩에서 떨어지는 펜은 검처럼 강력합니다.

대왕고래: 누군가 고래를 던질 수 있다면

대왕고래는 생물 중에서 세계 최고의 자유낙하 속도를 기록합니다. 그러니까 대왕고래를 하늘 높이 올릴 수만 있다면 분명 기록을 세울 것이란 뜻이지요. 대왕고래는 무게가 19톤이나 나가니, 그 어떤 동물보다 낙하할 때 속도가 높을 겁니다. 약 6킬로미터 높이에서 떨어진다고 가정하면 바닥에 충돌하는 시점에 음속의 장벽을 깰 겁니다. 엠파이어스테이트 빌딩 꼭대기에서라면? 시속 305킬로미터에 이릅니다.*

그러니 만약 당신이 대왕고래를 받아보겠다고 나선다면 분명 문제가 생길 겁니다. 당연히 고래 밑에 깔려 짜부라질 거라고 생각하겠지요. 하지만 실제 상황은 훨씬 더 나쁩니다.

고래가 땅에 '철퍼덕'하고 떨어질 때, 고래의 피부는 몸속의 내용물이 바깥으로 팽창하려는 힘을 이기지 못해 터져버립니다. 그리고 그건 떨어진 고래 밑에 깔린 당신의 몸도 마찬가지입니다. 아마 고래의 뱃속에 든 물질과 당신의 뱃속에 든 물질들이 마구 뒤섞일 테니, 결론적으로 아수라장이 되겠네요.

이 책: 사서를 화나게 하지 마세요

만일 누가 이 책을 엠파이어스테이트 빌딩 꼭대기에서 던져버린다면(당연히 지금까지 나온 시나리오 중 제일 일어날 법하지 않은 일이긴 하지만요) 떨어지는 데만 30초 이상 걸리고 최대 속도는 시속 40킬로미터에 불과합니다.

---

* 맞습니다. 클립이 달린 볼펜과 똑같은 시속 305킬로미터입니다. 엠파이어스테이트 빌딩 높이에서 떨어졌을 때 중력이 가속할 수 있는 최대 속도가 시간당 305킬로미터이기 때문이지요.

하지만 혹시 당신이 아주 힘이 센 도서관 사서를 화나게 했다면, 시속 40킬로미터 이상으로 움직이는 책에 맞게 될 겁니다. 깜짝 놀라긴 하겠지만, 치명적이진 않을 것 같네요.

누군가와 진짜로 악수를 한다면?

건강에 해로운 최악의 행위 중 하나가 타인과의 악수입니다. 손은 1차적인 병균 전달 매개체이니까요. 질병통제센터는 악수 대신 주먹을 부딪치는 인사를 강하게 지지합니다. 그러나 악수가 위험한 까닭은 질병만이 아닙니다.

악수할 때 아무리 상대방의 손을 꽉 붙잡아도 '진짜로' 상대방의 손과 접촉하는 것은 아닙니다. 이는 원자 반발atomic repulsion이라고 부르는 현상 때문입니다. 당신의 손이 정말로 타인의 손과 맞닿는다면 끔찍한 결과가 예상됩니다.

손바닥뿐 아니라 세상의 모든 것을 이루는 원자의 내부를 들여다보면 음의 전하를 가진 전자가 핵 주위를 돌고 있습니다. 이 전자들은 자석의 N극끼리 반발하는 것처럼 서로를 밀어냅니다. 전자는 서로 부딪히는 것을 정말, 진심으로 싫어한다는 점에서 자석보다 심하지만요.

전자는 서로 엄청나게 강한 힘으로 반발하기 때문에, 엄밀한 의미에서 당신은 지금까지 살면서 세상 어느 것에도 몸이 닿아본 적이 없습니다. 의자에 앉아 있는 당신의 엉덩이도 실은 의자에 닿은 것이 아니라 아주 미세하게 의자 위에 붕 떠 있는 상태라고 봐야 합니다. 망치로 손가락을 내리쳐도 망치와 손가락이 진짜 맞닿은 게 아닙니다.

두 원자가 서로 맞닿기 위해서는 손, 망치, 엉덩이가 가하는 힘을 초월한 압력을 주어야 합니다. 자연에서는 별의 중심에서나 이 정도 크기의 압력이 발견됩니다. 태양은 핵융합이라는 과정을 통해 두 수소 원자의 핵에 압력을 가해 열을 발생시킵니다.

지구에서 그만한 크기의 압력을 만들어내려면 폭발을 일으켜야 합니다. 친구와 진짜로 악수를 하려면, 그러니까 당신 손의 원자가 친구 손의 원자에 닿으려면 손을 핵폭탄으로 달군 후 터뜨리는 수밖에 없습니다(주의: 매우 위험한 행동입니다. 어른의 감독하에 진행하세요).

그런데 당신과 당신의 친구뿐만 아니라 당신이 사는 도시 전체에도 불행한 소식이 있습니다. 사람의 피부에 있는 가장 흔한 분자가 수소라는 것이지요. 수소의 핵이 융합할 때는 어마어마한 에너지가 방출됩니다. 즉 두 손이 '진짜로' 악수를 하게 되면 중형 수소 폭탄이 터지는 것과 다름없는 폭발이 일어납니다.*

---

* 참고할 것은, 여기에 약간의 꼼수가 있습니다. 핵폭탄 안에서 생성되는 압력과 열은 수소를 융합시킬 만큼 오래 지속되지 않습니다. 수소 폭탄을 만들기 위해 물리학자들은 수소의 동위원소인 이중수소와 삼중수소를 사용합니다. 이 동위원소는 핵분열 원자로에서 만들어진 후 핵폭탄 안에 장착됩니다. 당신과 친구의 손에 이 방법을 쓰려면 두 사람을 모두 핵분열 원자로에 넣거

약 30킬로미터 반경에 있는 모든 사람이 3도 방사선 화상을 입고 신경이 손상됩니다. 약 10킬로미터 반경 내에 있는 건물이 날아가버립니다. 약 5킬로미터 반경 내에 있는 사람들은 고층 건물을 파괴할 정도로 강력한 충격파를 경험합니다. 약 3킬로미터 반경 내에 있는 모든 이들은 거대한 불덩이에 삼켜질 겁니다.

당신과 친구는 이내 사라질 겁니다. 폭발 직후 눈에 보이는 것이 아마 마지막이 될 겁니다. 폭탄의 섬광으로 인해 눈이 멀기 때문이지요. 빛에 오래 노출된 사진처럼, 빛이 망막을 태우고 안구와 시신경을 증발시킵니다. 폭발에 동반하는 이 섬광은 각종 전자기파로 가득합니다. 그 효과를 이해하려면 다음과 같은 상상을 해보세요.

당신이 작동 중인 전자레인지 안에 들어갔다고 합시다. 전자레인지 안에서는 몸을 이루는 물 분자가 빠르게 움직이면서 열을 냅니다. 마침내 뜨거워진 물이 수증기가 되어 팽창하지요. 그런데 혈관 속의 혈액처럼 압력을 받은 상태에서 팽창하면 결국 터지고 맙니다. 당신의 몸을 이루는 물질이 전자레인지 내벽을 온통 뒤덮을 겁니다. 전자레인지는 전자기파 중에서도 저출력 파장의 한 예일 뿐입니다. 수소폭탄은 광자가 발산할 수 있는 온갖 방사선의 뷔페를 차려냅니다. 적외선, 가시광선, 자외선, 엑스선, 감마선까지.

광자가 증기화한 당신의 몸을 날리고 몸을 이루는 분자 간의 결합을 끊은 후 원자 수준으로 산산이 분해할 겁니다. 설상가상으로, 당신의

___
나, 별의 내부에서 악수하게 하는 수밖에 없습니다. 그러나 두 실행 계획 모두 복잡하므로 편의를 위해 그 단계는 건너뛰겠습니다.

몸을 이루던 분자는 원자로 분해되어 더는 서로 결합하지 않지만 여전히 당구공처럼 무리 지어 있습니다. 그때 광자가 큐볼이 되어 굴러옵니다. 광자가 원자들의 무리를 '땅!' 하고 때리는 순간 당구공 속의 원자들이 고등학교 체육관 크기 정도의 공간에 흩어집니다.

다음은 입자 차례입니다. 이 입자들은 천천히 움직이는 중성자와 전자입니다. 특히 주의해야 할 것이 중성자입니다. 중성자는 흩어진 당신의 개별 원자를 쫓아가 핵을 변질시킵니다. 마지막 남은 당신의 원자가 방사능을 띠게 되지요.

폭발의 효과 중 가장 천천히 일어나는 것이 초음속 충격파입니다. 변질되고 방사능을 띠고 이온화된 플라스마 형태로 존재하던 당신이 폭발로 인해 고속으로 밀어붙여집니다. 당신의 원자들은 과거에 당신이었던 나머지 물질들로 이루어진 뜨거운 플라스마 구름과 섞입니다. 마침내 당신은 대략 10,000,000,000,000,000,000,000,000,000개의 개별 원자로서 지구 위에 뿌려질 겁니다.

돋보기 아래 놓인 개미가 된다면?

아이들은 모두 돋보기로 개미를 그을릴 수 있다는 사실을 잘 압니다. 다행히 시중에는 사람을 가열해 폭파시킬 만큼 큰 돋보기를 팔지 않지만, 아주 많은 사람과 거울을 동원한다면 햇빛으로 인한 화상 이상의 상처를 줄지도 모릅니다.

영국의 SF작가 아서 C. 클라크Arthur C. Clarke의 책《가벼운 일사병A Slight Case of Sunstroke》에서, 어느 가상의 나라 대통령은 부정한 축구 심판에 맞설 악마적인 계획을 세웁니다. 그는 5만 명의 병사에게 축구 경기 무료 입장권과 60센티미터짜리 안내장을 나누어 줍니다. 이 안내장은 거울처럼 반사되는 재질로 만들어졌지요. 병사들은 이 안내장이 경기장에서 야유를 보내는 데 이용될 새로운 도구라고 생각합니다. 그러나 대통령은 훨씬 끔찍한 의도를 품고 있었지요. 심판이 불리한 판정을 하자,

병사들은 일제히 안내장을 들어 심판에게 향합니다. 그러자 5만 개의 안내장이 거울처럼 햇빛을 반사했고, 이 에너지를 받아 심판은 산 채로 불에 타고 말았습니다.

허구의 이야기지만 놀랍게도 이 계획은 이론적으로 타당합니다. 적절히 실행된다면 5만 명보다 훨씬 적은 축구 팬으로도 충분할 겁니다. 하지만 태양을 무기로 사용한다는 발상을 클라크가 처음 한 건 아닙니다.

전설에 따르면 아르키메데스는 병사 129명에게 자신들의 황동 방패로 햇빛을 반사하게 해서, 그 빛으로 적의 군함을 불태웠다고 합니다. 당시 아르키메데스가 사용할 수 있었던 기술을 염두에 두면 실제 일어난 일이 아닌 게 분명하지만 매사추세츠 공과대학MIT의 연구 결과를 보면 이론적으로 불가능하지는 않습니다.

햇빛으로 사람을 죽인 적은 없지만 매년 수천 마리의 새를 처리하는 곳이 있습니다. 모하비 사막에 있는 태양광 발전소에서는 창문 크기의 거울을 사용해 햇빛을 모아 540도짜리 광선으로 새를 튀겨버립니다. 사실 태양 광선을 무기화할 때 가장 어려운 점이 초점 맞추기입니다. 이 태양광 발전소에서는 움직이는 거울과 컴퓨터 알고리듬으로 문제를 해결했습니다.

직사각형 모양의 빛 10~12개 이상이 하나의 물체를 비추려면 개개인이 빛을 조준하기가 매우 어려워집니다. 자신이 어떤 네모를 조준하는지 알 수 없기 때문입니다. 미 공군도 이 문제를 해결했습니다. 이들의 생존 장비에는 신호용 거울이 들어 있는데, 추락한 조종사에게 필수적인 도구입니다.

햇빛을 반사하는 작은 거울은 수 킬로미터 떨어진 곳에서도 보이는 조난 신호를 보낼 수 있습니다. 그러나 거울의 빛을 조준하려면 요령이 필요하지요. 공군 신호용 거울은 반사 구슬을 사용해 마치 저격수의 조준기처럼 빛이 반사되어 가리키는 지점을 빨간 점으로 표시합니다.

거울은 놀랄 정도로 효과적입니다. 1987년 미국에서는 그랜드캐니언의 콜로라도강에서 래프팅을 하던 아버지와 아들이 조난했는데, 신호용 거울을 이용해 SOS 신호를 보내 약 10킬로미터 상공에서 지나가던 여객기에 성공적으로 구조되었습니다.

아서 클라크의 책 속 병사들이 들고 있는 거울에도 신호용 거울을 붙이면 초점 문제를 해결할 수 있을 겁니다. 일단 초점이 맞춰지면 온도가 매우 빨리 올라갑니다. 욕실에 있는 가로세로 30센티미터짜리 거울은 태양으로부터 100와트의 에너지를 받습니다. 거울 하나는 거울 하나 분량의 열기를 반사합니다. 거울 2개는 그 2배에 해당하는 열기를 반사하지요.

따라서 당신이 아서 클라크의 책 속 심판이 되어 터무니없는 판정을 몇 번 내렸다면, 예상되는 당신의 운명은 다음과 같습니다. 만약 소설에서처럼 관중들이 보통 거울을 가져왔다면 당신은 별로 걱정할 게 없습니다. 거울에 반사된 빛이 사방으로 흩어져 몸을 따뜻하게 데우는 정도 외에는 할 수 없습니다. 경기장에서 도망갈 시간도 충분하지요.

하지만 구름 한 점 없는 화창한 날에 1,000명이 넘는 관중이 욕실 거울 위에 신호용 거울을 붙여 들고 왔다면 몹시 걱정할 만합니다. 이들이 힘을 합치면 당신의 가슴에 10만 와트의 태양 에너지를 쏠 수도 있기 때문입니다. 이 정도면 몇 분 안에 몸무게가 90킬로그램인 사람을 끓일 수 있을 정도의 열기입니다. 그러나 당신은 아마 채 끓기도 전에 죽을 겁니다.

활활 타오르는 불은 약 430도입니다. 손을 가까이 댔다가도 재빨리 빼야 하지요. 그런데 1,000개의 거울이 만들어낸 밝은 빛은 훨씬 더 뜨거워져, 최고 540도에 달합니다.

우리 몸의 세포는 아주 좁은 범위의 온도에서만 제 기능을 합니다. 37도에서 가장 행복하지요. 그리고 1도만 높아져도 편치 않습니다. 5도 이상 체온이 올라가면 치명적입니다. 다행히 우리 몸은 찌는 더위에서도 체내의 온도를 시원하게 유지하는 방법을 진화시켜 왔습니다. 땀, 혈관 확장, 체내 단열 시스템 덕분에 실내온도 90도가 넘는 방에서도 몇 분 정도는 살아 있을 수 있습니다.

그러나 극한의 조건에서는 모든 것이 너무 빨리 진행되어 신체의 방어 메커니즘이 제대로 발휘되지 못합니다. 1,000개의 완벽하게 조준된 거울이 빛을 당신의 몸으로 반사한다면 아마 2걸음도 채 걷지 못하고 죽을 겁니다. 물론 바로 연소하지는 않습니다. 당신의 몸에는 흠뻑 젖은 통나무처럼 물이 많이 들어 있기 때문이지요. 그러나 숨을 들이마시자마자 목 안의 부드러운 피부가 화상과 상처를 입어 영영 다시 기능하지 못하게 됩니다. 최후의 1~2분까지 버틸 수 있다면 숨이 막혀 죽겠지요. 그러나 실은 그럴 기회조차 없습니다.

체온이 5도 이상 올라가면 뇌 세포는 작동을 멈추고 단백질은 변성됩니다. 물리학자가 흔히 '푹 익는다'고 말하는 현상이지요. 몸속의 어떤 것도 에너지를 운반하는 단백질이 없이는 작동하지 않습니다. 그래서 당신은 죽은 고기나 다름없게 되지요.

숨이 다한 후에도 몸은 계속 익어 단백질이 완전히 변성되고 완전히 탈수된 후 불꽃처럼 타오를 겁니다. 불은 서서히 당신의 몸속으로 타들어갈 겁니다. 뼈와 치아만 남을 때까지요.

화장터에서 시체를 화장할 때 불의 온도는 최대 815도까지 올라갑니다. 누군가를 한 줌의 재로 만드는 데 약 2시간 반이 걸립니다. 그래서 관중이 완전히 몰입한 게 아니라면 적어도 당신의 치아 몇 개와 그을린 뼈는 경기장에 남습니다.

아마도 《가벼운 일사병》에서처럼 당신의 죽음을 기리는 짧은 침묵의 시간이 지나면 고분고분한 새 심판이 모습을 드러내고 마침내 홈 팀을 위한 역전의 드라마가 펼쳐질 겁니다.

입자가속기에 손을 넣는다면?

1978년 7월, 러시아 과학자 아나톨리 부고르스키Anatoli Bugorski는 러시아에서 가장 강력한 입자가속기(아원자 입자를 빛의 속도에 가깝게 가속하는 기계) U-70을 조사 중이었습니다. 그때 입자 광선이 그의 뒷머리를 뚫고 코로 나온 사고가 일어났습니다.

부고르스키는 통증은 없었지만, "1,000개의 태양이 빛나는 것처럼 밝은" 섬광을 봤다고 진술했습니다. 러시아 의사들은 서둘러 그를 병원으로 옮겼지만, 방사선 중독으로 그가 죽을 것이라고 예상했지요. 그러나 가벼운 안면 마비, 간헐적인 발작, 약간의 방사선 노출 질환, 머리에 작은 구멍이 뚫린 것을 제외하고 크게 다친 곳은 없었고 부고르스키는 무사히 박사 과정까지 마쳤습니다.

이 이야기를 듣고 혹시 당신도 유럽에서 새롭게 설치한 대형 강입자충돌기LHC에 한 번쯤 손을 넣어봐도 별일 없을 거라고 생각하는 건 아니겠지요? 기념으로 근사한 흉터 하나 남기고 싶다고 말이지요. 꿈도 꾸지 마세요. 미안하지만 U-70 가속기는 강입자충돌기의 위력에 1퍼센트도 미치지 못합니다.

대형 강입자충돌기는 현재 세계에서 가장 강력한 입자충돌기입니다. 이 기기는 약 27킬로미터에 달하는 원형 궤도를 따라 양성자를 0.99999999광속(빛의 속도보다 불과 시속 11킬로미터 느린 속도)으로 가속한 후 서로 충돌시켜, 세계에서 가장 큰 데몰리션 더비demolition derby(자동차를 서로 충돌시키는 경기 – 옮긴이) 장면을 연출합니다. 양성자끼리 충돌할 때 방출되는 에너지가 너무 강해서, 일부 소수 강경 단체는 입자가 부딪히면서 지구를 집어삼킬 정도의 블랙홀이 생성될지도 모른다는 우려를 내비쳤습니다(이들의 우려가 현실이 되면 어떤 일이 벌어지는지는 241쪽에서 확인할 수 있습니다).

양성자 빔은 1,000억 개의 양성자로 이루어집니다. 따라서 빛의 속도로 가속되면 400톤짜리 열차가 시속 160킬로미터로 달릴 때와 비슷하게 어마어마한 에너지를 지니게 됩니다. 양성자 빔의 강력한 에너지는 1,000분의 1초 만에 30미터짜리 동판에 구멍을 뚫을 수 있습니다. 그래서 대부분의 가속기가 지하에 설치되는 겁니다. 설사 가속기가 고장 나더라도 살인 광선이 도시 전체를 표적으로 하지 않도록 하기 위해서 말이지요.

이제 이 입자가속기에 함부로 손을 집어넣으면 안 되겠다는 생각이 드나요? 그래도 당신이 이 경고를 무시하고 손을 넣었다고 가정합시다.

첫 번째 문제는 귀에서 발생합니다.

입자가속기 내의 탄소 섬유는 양성자 빔의 경로를 안내하는 역할을 합니다. 양성자 빔이 갈피를 못 잡고 헤매는 중에 탄소 섬유에 부딪히면, 이때 나는 소리가 콘서트장 맨 앞줄, 즉 스피커 바로 앞에 앉아 있을 때처럼 큽니다. 또한 과학자들이 실험을 마친 후에는 양성자 빔의 에너지를 흑연 블록에 버린 후 양성자를 가두는데, 이때 90킬로그램짜리 TNT 폭탄이 폭발했을 때처럼 큰 소리가 납니다. 고막을 날려버리기에 충분하지요.

다시 말해 귀마개를 하라는 뜻입니다. 그러나 고막이 망가지는 것은 당신이 해야 할 제일 작은 걱정에 불과합니다. 더 큰 문제는 양성자 빔의 위력입니다.

양성자는 마치 아무것도 없는 것처럼 당신의 손을 통과합니다. 연필심 굵기의 양성자 빔은 극도로 빠르게 움직이기 때문에 일말의 고통도 없이 손바닥에 구멍을 뚫을 겁니다. 다행히 뼈를 비껴간다면 양성자 빔이 통과해도 손은 완벽하게 제 기능을 할 수 있습니다. 그러나 전혀 미동도 하지 않고 완벽히 가만 있을 때만 가능합니다.

러시아의 U-70 가속기는 강입자충돌기에 비교하면 위력도 낮을 뿐만 아니라 단발식입니다. 그래서 부고르스키의 머리에 구멍이 1개밖에 안 뚫렸지요. 강입자충돌기는 양성자 기관총에 가깝습니다. 2초 만에 거의 3,000발을 쏩니다. 첫 번째 빔이 지나갔다고 해서 손을 빼는 순간 반으로 절단될 겁니다. 그러니 절대로 움직이지 마세요.

양성자 빔이 당신의 (바라건대) 정지된 손을 지나갈 때, 또 다른 훨썬 골치 아픈 문제가 일어납니다. 이렇게 빨리 움직이는 입자는 강한 방사선을 동반하는 성질이 있거든요. 양성자 빔으로부터 몇 미터 떨어져 있다고 해도 흉부 엑스레이를 찍은 것과 동일한 양의 방사선을 쬐게 됩니다.

그러나 양성자 빔이 직접 당신의 손을 치고 지나갔을 때, 정확히 당신이 얼마만큼의 방사선에 노출되는지는 말하기 어렵습니다. 양성자 빔 자체는 단숨에 사람을 죽일 수 있을 만큼 어마어마한 양의 방사선을 지니고 있지만, 아마 대부분은 빗나갈 것이기 때문입니다. 당신은 자신의 손이 꽉 차 있다고 생각하겠지만, 원자 수준에서는 분명 공간이 넉넉하거든요.

손을 이루는 원자 하나를 미식축구 경기장 크기만큼 확대해봅시다. 그럼 경기장 중앙의 50야드 라인 위에 올려놓은 구슬이 핵이 됩니다. 방사선 총알 역시 매우 작으므로 대부분 빗나가 당신은 즉사를 면할 겁니다. 하지만 안타깝게도 '대부분'이 빗나가는 것일 뿐, 당신을 천천히 고통스럽게 보내기에 충분한 양의 방사선 총에 맞게 됩니다.

러시아에 있는 입자가속기의 에너지는 강입자충돌기가 지닌 에너지의 1퍼센트에 불과함에도 불구하고, 부고르스키는 방사선 중독으로 거의 죽을 뻔했습니다. 따라서 우리는 강입자충돌기의 양성자 빔 단 한 줄기가 충분히 당신을 죽일 수 있다고 확신합니다. 양성자 빔이 당신의 손을 때릴 때 생성되는 입자는 최소 10시버트의 방사선을 내뿜기 때문에 몸 전체가 방사선에 중독되니까요. 아마 당신의 경험은 1999년 도카이촌 핵연료 가공 시설에서 일어난 사고로 두 직원이 겪었던 일과 비슷할 겁니다.

히사시 오우치Hisashi Ouchi와 마사토 시노하라Masato Shinohara는 소량의 핵연료를 가공하는 과정에서 제조법을 잘못 계산하는 바람에 치명적인 혼합물을 만들었습니다. 치사량에 해당하는 방사선에 노출되어도 즉시 불편함을 느끼는 것은 아닙니다. 증상이 나타나기까지 몇 시간이 걸릴 수 있습니다. 그러나 당신이나 오우치, 시노하라처럼 심하게 노출되었을 때는 증상이 바로 나타납니다.

양성자 빔이 당신의 손을 통과한 직후, 당신의 시야는 푸르게 변합니다. 물속에서 빛의 속도는 진공일 때보다 30퍼센트 느려지므로, 방사선은 빛의 속도보다 빠르게 안구의 유체를 통과하면서 '체렌코프 방사선Cherenkov radiation'으로 불리는 전자기 충격파를 생성합니다. 그 결과로 시야가 푸르게 보이는 것이지요. 오우치와 시노하라 모두 방이 푸른색으로 바뀌었다고 진술했습니다. 물론 보안 카메라에는 아무 색도 나타나지 않았습니다.

색감이 달라져 보이는 것 외에도, 양성자 빔의 에너지가 당신의 몸을 가열하기 때문에 외부 온도는 변함없는데도 방이 덥다고 느낄 겁니다. 또한, 당신은 방사선이 위벽을 공격하자마자 곧바로 구토 증세를 느낍니다. 피부는 심한 화상을 입고, 호흡 곤란이 오고, 의식을 잃을지도 모릅니다.

백혈구 수치가 0에 가깝게 떨어지므로 면역계도 기능을 상실합니다. 그리고 내장 기관이 서서히 손상됩니다. 의사가 당신의 증상을 어느정도 치료하겠지만, 피폭된 기관에 대해서는 아무것도 할 수 없습니다.

정확한 피폭량과 손상의 진행 정도에 따라 당신은 4주에서 8주 안에 사망합니다. 하지만 손바닥에 난 구멍은 아주 작은 흉터만 남긴 채 시간이 지나면 아물겠지요.

독서 중에 갑자기 이 책이 블랙홀로 변한다면?

　앞에서도 언급했지만 대형 강입자충돌기가 처음 제안되었을 때, 일부 과학자들은 원자가 충돌하면서 지구를 집어삼킬 크기의 소형 블랙홀이 만들어질 가능성을 강하게 주장했습니다. 다행히 그런 일은 일어나지 않았지요. 현재 인간의 힘으로는 블랙홀을 만들 수 없습니다. 참으로 다행한 일입니다. 블랙홀은 크기가 아주 작더라도 피하는 게 맞으니까요. 만일 이 책이 블랙홀이 되어 빨려 들어간다면 몇 가지 일이 벌어질 텐데, 모두 좋지 않은 것뿐입니다.

　어떤 물체라도 아주 작게 쪼그라든다면 블랙홀이 될 수 있습니다. 그러나 아무리 압축해도 그만큼 축소하지 못하기 때문에 블랙홀을 만들 수 없는 겁니다. 블랙홀을 형성할 만큼 물체의 크기를 줄일 수 있는 것은 거대한 별의 중력뿐입니다.

모든 물체에는 중력장이 있지만, 블랙홀을 생성할 만큼 큰 힘으로 자기 자신을 작게 우그러뜨릴 수 있으려면 적어도 태양의 20배가 넘는 진짜 큰 별이어야 합니다.* 빅뱅이 일어나는 동안 발생한 압력이라면 거대 항성보다 작은 물체, 이를테면 이 책 정도 크기의 물체를 블랙홀이 될 때까지 수축시킬지도 모릅니다.

그러니까 독서 중에 이 책이 블랙홀로 변할 일은 없다는 말을 길게 설명한 겁니다. 그렇다고 아예 불가능한 것은 아닙니다. 만일 그런 일이 일어난다면 당신은 재빨리 피해야 합니다.

이 책의 무게가 약 0.45킬로그램이라고 가정합시다. 이 책이 블랙홀이 된다고 해도 질량은 변함없습니다. 다만 부피가 극도로 작아질 뿐이지요. 양성자의 1조분의 1보다도 작아진다고 말하면 이해가 갈까요? 물론 양성자 자체도 원자의 아주 작은 일부에 불과합니다.

스티븐 호킹의 계산에 따르면, 블랙홀도 완전히 어두운 것은 아닙니다. 블랙홀이 사라질 때까지 호킹 방사선이 새어 나오지요. 대형 블랙홀이라면 아주 오랜 시간이 걸립니다. 예를 들어 우리 은하의 중심에 위치한 블랙홀이 전부 증발하려면 1구골googol(10의 100제곱)년이 걸립니다. 그러나 이 책 크기의 작은 블랙홀이라면 아마 만들어지자마자 눈 깜짝할 사이에 사라질 겁니다.

그렇다고 조용히 물러갈 리는 없습니다. 그 눈 깜짝할 시간에, 이

---

*블랙홀의 중력 특이점은 얼마나 작고, 또 어떻게 생겼을까요? 빛이 빠져나오지 못한다는 블랙홀의 특성 때문에, 물리학자들이 블랙홀 내부에 관해 내놓는 어떤 이론도 증명할 방법이 없습니다. 그래서 우리도 모릅니다.

책은 히로시마 원자폭탄이 가진 에너지의 50배로 폭발할 겁니다. 눈부신 섬광을 내뿜는 동시에 엑스선과 감마선을 포함하는 빛의 스펙트럼 전 영역의 파장이 방출되어 주변 지역으로 쏟아집니다. 공기는 이온화되면서 열과 빛을 냅니다. 건물을 무너뜨릴 정도로 엄청나게 강력한 충격파가 수 킬로미터 반경으로 퍼질 겁니다.

당신과 주변 지역은 완전히 파괴되겠지요. 그러나 다행히 이 책에 있는 정보는 파괴되지 않는다고 합니다. 스티븐 호킹을 비롯한 사람들이 발표한 최신 이론에 따르면, 블랙홀 안에 들어 있는 정보는 완전히 파괴되지 않습니다. 그저 어찌 읽을지 모르는 미지의 언어로 다시 쓰일 뿐이지요.

안타깝게도 물리학자들이 블랙홀에서 새어 나오는 데이터를 읽기까지는 수천 년이 걸릴 겁니다. 이때쯤이면 영어를 비롯해 현재 사용되는 언어는 모두 사라진 뒤겠지요. 그러니까 이 책이 블랙홀로 변할 가능성이 제로에 가깝기 때문에 당신의 몸이 산산조각 난 후 방사선에 노출되어 증기화되고 변형되고 이온화되는 일은 일어날 것 같지 않지만, 그렇다고 아예 불가능한 일은 아니라는 겁니다.

그러니 우리는 고대의 잔해를 꼼꼼히 살펴서 추려낼 어느 먼 미래의 물리학자에게, 그가 반드시 이해할 수 있는 방식으로 말을 건네야 하지 않을까요?

"미래의 존재들에게. :-)"

이마에 아주 강력한 자석을 붙인다면?

냉장고에 붙어 있는 자석 1개를 가져다 이마에 붙여봅시다. 무슨 일이 일어날까요? 아무 일도 일어나지 않습니다. 맞지요? 아무 느낌이 없을 겁니다.

그건 냉장고 자석이 잡아당기는 힘에 당신이 전혀 영향을 받지 않기 때문입니다. 사실 당신은 지구에서 가장 큰 자석이 잡아당겨도 미동도 하지 않을 겁니다. 지금까지 사람이 만든 가장 강력한 자석은 45테슬라의 자기장을 가지고 있습니다. 비교하자면 일반적인 냉장고 자석의 힘은 0.001테슬라입니다. 45테슬라는 사람을 공중부양시킬 정도로 강력하지만, 해를 끼치지는 않습니다.

그러나 지구가 아닌 다른 곳에서 자석을 찾아보면 어떨까요? 우주에서 가장 큰 자석은 마그네타^{magnetar}라고 불리는 아주 희귀한 중성자별입니다. 마그네타는 원자까지도 변형시킬 수 있는 1,000억 테슬라의 강한 자기장을 형성합니다.

초신성이 되었지만 크기가 블랙홀을 형성할 만큼 커지지 않아서, 대신 자신의 중력에 의해 붕괴해 초고밀도의 거대한 핵 덩어리가 되어버린 별을 중성자별이라고 합니다. 마그네타는 초기에 극도로 빠르게 회전하면서 엄청나게 강력한 자기장을 형성합니다.

마그네타의 자기장은 너무 강해서, 만약 하늘에 달 대신 마그네타가 떠 있다면 세상 사람들이 가진 모든 신용카드가 망가질 겁니다. 이 강력한 자성 때문에 마그네타는 우주에서 가장 파괴적인 별이 되었습니다. 만약 우리가 이 책을 40년 전에 썼다면 마그네타라는 존재에 대해 알지 못한 채, '우리 은하에서는 자력 때문에 죽는 일은 절대 없을 것'이라고 단언했을 겁니다. 그러나 1979년, 한 마그네타에서 지진이 일어나면서 지금까지 위성이 측정한 것보다 100배나 더 센 감마선이 지구를 때렸습니다. 그러면서 존재를 드러냈지요.

2004년에는 그보다 훨씬 강한 마그네타가 위력을 발휘했습니다. 5만 광년 떨어진 마그네타에서 태양이 25만 년에 1번 내뿜을까 말까 하는 에너지가 방출되었습니다. 감마선 폭발로 위성이 타버리고 지구의 자기장이 달라졌습니다. 만일 운이 나빠 마그네타가 요동칠 때 1광년 거리 안에 있었다면 엑스선에 맞아 죽었을 겁니다. 마그네타에서 지진이 일어나지 않을 때라면 좀 더 가까이 다가갈 수 있겠지만, 약 970킬로미터 반경 내에 도달하면 극도로 강한 자성 때문에 문제가 생깁니다.

당신은 아마 본인이 자성을 띠고 있다고 생각하지 않을 겁니다. 하지만 실제로 우리 몸 역시 자성을 띱니다. 아주 약하지만요. 그런데 우리 몸의 최대 80퍼센트를 구성하는 물은 반자성 물질입니다. 다시 말해 물은 자석의 N극과 S극에 모두 반발한다는 뜻입니다. 충분히 강한 자석이라면 강한 반발력을 이용해 당신을 공중에 띄울 수도 있다는 뜻이기도 합니다.

한번은 과학자들이 10테슬라의 자기장에서 개구리를 공중부양시킨 적이 있습니다. MRI 기계보다 5배 더 센 자석이지요(이 실험에서 개구리들은 전혀 다치지 않았습니다). 과학자들은 당신도 공중에 띄울 수 있습니다. 당신이 들어갈 정도로 커다란 10테슬라짜리 자석을 만들 수 있다면 말입니다.*

하지만 안타깝게도 사람은 마그네타 위에 온전히 떠 있을 수 없습니다. MRI 기계보다 1,000억 배 더 센 자성에 노출되면 신체의 기능이 크게 영향을 받을 테니까요. 현재 당신의 몸을 구성하는 원자는 전자가 핵 주위를 도는 공처럼 생겼습니다. 그게 정상입니다. 그러나 전자 역시 자성을 띱니다. 마그네타로부터 반경 970킬로미터 안으로 들어가면 자력이 너무 강해서 마그네타가 몸속의 전자를 세게 잡아끄는 바람에 궤도가 타원형으로 바뀝니다. 그래서 당신 몸속 원자의 모양은 공이 아니라 시가(담배)처럼 바뀔 겁니다. 결코 바람직한 현상이 아니지요.

원자의 모양이 달라지면 몸속의 단백질 구조가 바뀌고 분자 결합이 깨지면서, 당신은 수십억 개의 개별 원자로 산산이 조각날 겁니다. 예를

---

* 우리는 이 실험이 완전히 무해하다고 확신합니다. 어디 먼저 시도해볼 지원자 없나요?

들어 물이라면 H₂O형태로 결합된 상태가 아니라 2개의 H와 1개의 O 로 분리되겠지요. 매우 치명적인 현상입니다.

자력으로 인해 몸의 분자가 해체되는 순간에 누군가 지나가는 우주 선에서 당신을 본다면, 아마 인간의 형체를 한 기체가 희미하게 빛나는 것처럼 보일 겁니다. 그러나 그게 당신의 마지막 모습은 아닙니다. 원 자마다 특유의 자기적 특성이 있기 때문에, 몸속의 어떤 원자는 다른 원 자에 비해 마그네타에 더 빨리 끌려갑니다. 그래서 몸이 늘어나게 되고, 마그네타의 중력이 몸을 세게 잡아당기기 시작합니다.

마그네타는 맨해튼 크기의 작은 별입니다. 그러나 믿을 수 없을 만 큼 밀도가 높아서 어마어마한 중력장을 형성하고 있습니다. 강력한 중 력은 별이 가진 자기 반발력을 누르고 당신을 끌어당깁니다. 길게 늘어 난 모습의 당신은 마그네타를 향해 점점 빠르게 이동할 겁니다.

주변의 구경꾼들에게 당신의 마지막 모습은 굴뚝에서 올라오는 연 기처럼 한 줄기 기체로 피어오를 겁니다. 마그네타로 빠르게 돌진하는 기체 말이지요. 그곳에서 당신의 원자는 중성자의 얼룩처럼 변형되어 적혈구 하나 크기로 뭉치게 될 겁니다.

고래에게 먹혀
뱃속으로 들어가게 된다면?

구약성경에 나오는 요나Jonah의 이야기를 아시나요? 요나는 신의 뜻을 거역한 예언자로, 큰 물고기에게 잡아먹혀 뱃속에 3일간 갇혀 있었습니다. 그러다 물고기가 도로 뱉어내는 바람에 무사히 살아나옵니다. 이 기적과도 같은 광경을 목격한 사람들은 감명을 받아 타락한 도시 니네베Nineveh 사람들을 회개로 이끌지요.

요나는 정말로 하늘의 도움으로 살아났는지도 모릅니다. 해양생물학자들에 따르면 고래의 뱃속에 들어간다는 것은 매우 위험한 시도이기 때문입니다. 굳이 고래의 뱃속에 들어간다면 가장 훌륭한 후보는 향유고래입니다. 대부분의 고래는 플랑크톤처럼 현미경으로나 볼 수 있는 미세한 동물을 먹고 삽니다. 그래서 목구멍의 너비가 겨우 10~12센티미터에 불과하지요. 당신은 고래가 삼키기에 너무 크기 때문에, 대왕고래의 입속에 들어간다 해도 아마 2.7톤짜리 고래의 혀에 치명타를 입고 일찌감치 여행을 마칠 겁니다.

반면 향유고래는 대형 오징어 같은 더 큰 먹잇감을 먹습니다. 180킬로그램짜리 짐승도 통째로 삼킨다고 알려졌지요. 그래서 이론적으로는 당신을 삼킬 수 있습니다. 그러나 고래의 이빨과 혀에서 용케 도망친다고 해도 고래 뱃속에 있는 4개의 위 중 하나에 들어가면 다른 종류의 문제에 부딪히게 될 겁니다.

향유고래의 뱃속은 가스가 부글거립니다. 뱃속을 채우는 유일한 기체는 산소가 아니라 메탄이지요. 메탄은 독성은 없지만 효과적인 자연 질식제입니다. 훈련받지 않은 사람 대다수는 30초 이상 숨을 참지 못합니다. 산소가 부족해도 대부분 세포 조직은 어느 정도 괜찮습니다. 산소가 공급되지 않아도 몇 시간을 버틸 수 있지요. 그러나 뇌는 다릅니다. 혈류에 남아 있는 산소를 다 써버리면 뇌 세포는 곧장 죽기 시작합니다. 어떤 능력자가 개입하지 않는다면 4분 뒤부터 되돌릴 수 없는 뇌의 손상이 시작되어 몇 분 안에 뇌가 완전히 죽어버립니다.

또한, 당신은 위의 근육과도 씨름해야 합니다. 향유고래는 음식을 씹지 않고 삼킨 후, 첫 번째 위장에서 근육을 사용해 먹잇감을 원하는 크기로 짓눌러 잘라냅니다. 그래서 강력한 위산에 녹아버리기 전에 이미 고래 위장의 근육이 당신을 땅콩버터처럼 뭉그러뜨릴 겁니다.

그러나 좋은 소식도 있습니다. 향유고래의 똥은 세계에서 가장 값나가는 물질입니다. 이 고래는 담관에서 용연향이라는 물질을 분비하는데, 이것은 향수 제조에 필요한 귀한 원재료입니다. 향유고래의 똥 0.45킬로그램에 무려 6,000만 원이 넘는 가치가 있지요.*

그래서 질식하고, 뭉그러지고, 녹고, 분해되어 30미터 길이의 창자를 통과한 후 고래의 항문을 거쳐 똥으로 나온 당신의 유해는 해변에서 일광욕을 즐기던 어느 재수 좋은 사람에게 발견됩니다. 그 사람은 똥 냄새가 나는 밀랍 같은 것으로 뒤덮인 당신의 시체를 주워 비싼 값에 팔아 큰돈을 벌게 될 겁니다.

여기서부터 반전이 있습니다. 향수 제작자가 작업을 마치면 죽은 당신의 몸에서는 훨씬 근사한 냄새가 날 겁니다. 이뿐만 아니라 당신의 마지막 안식처는 땅속이나 바다 밑바닥이 아닌 어느 여성의 목덜미일 거라는 사실입니다. 좋은 향기를 풍기면서요. 아무튼 이렇게 저렇게 생각해보면, 결국에는 당신도 신의 개입을 믿게 될 수도 있습니다.

---

* 다음에 바닷가에 가게 되거든 거대한 귀지 덩어리처럼 생긴, 단단하고 냄새를 풍기는 연한 노랑 혹은 진한 갈색의 '바윗돌'을 눈여겨 찾아보세요. 당신을 부자로 만들어줄 테니까요.

심해에서 수영한다면?

1960년 1월, 해군 잠수사 2명이 특별히 고안된 잠수정을 타고 세계에서 가장 깊은 바다인 마리아나 해구Mariana Trench로 내려갔습니다. 마리아나 해구는 서태평양의 괌섬 근처에 있으며, 수심이 11킬로미터나 되는 깊은 바다입니다. 돈 월시Don Walsh와 자크 피카르Jacques Piccard는 거의 5시간이나 걸려 마리아나 해구의 밑바닥에 도달했습니다.

그러나 심해의 풍경을 조사한 지 불과 20분 만에 잠수정의 창에 균열이 생기는 바람에 이들은 서둘러 수면으로 올라와야 했습니다.* 이들은 짧은 시간 동안 몇 가지 과학 실험을 수행하고 해저를 관찰했지만, 직접 잠수정 밖으로 나와 수영하지는 않았습니다.

---

* 만일 잠수정의 창이 깨졌다면 어떻게 되었을까요? 창을 통해 밀려오는 바닷물의 압력 때문에 물살이 잠수사들과 잠수정을 절단했을 겁니다. 그리고 모두 우그러뜨렸겠지요.

만일 이들이 잠수정을 벗어났다면 어떻게 되었을까요? 수영장 바닥에서 헤엄쳐본 사람이라면, 불과 수십 센티미터 아래에서도 몸을 조여오던 물의 느낌을 떠올릴 수 있을 겁니다. 특히 귀에 느껴지는 압력 말이지요.

그러나 수심 11킬로미터의 바닷속에서 당신을 누르는 압력은 1,000배 이상으로 증폭됩니다. 약 3.7미터 깊이의 수영장 바닥에서 느끼는 수압은 1제곱센티미터당 350그램에 해당하지만 마리아나 해구의 제일 밑바닥에서는 1.1톤의 무게를 느낍니다. 그러나 이런 엄청난 압력에도 몸이 부서지지는 않을 겁니다. 적어도 몸 전체가 그렇게 되지는 않는다는 뜻입니다. 사람의 몸은 일부를 제외하고 물로 되어 있는데 물은 압축할 수 없기 때문입니다. 불행히도 그 제외된 신체 부위에 들어 있는 공기가 골칫거리입니다.

잠수정 밖으로 나오는 순간, 고막이 터지고 비강은 쭈그러들고 목구멍이 함몰됩니다. 이중 어느 것도 바람직하지 않지만 가장 큰 문제는 가슴입니다. 폐가 탁구공 크기로 쪼그라들었다가 물로 채워집니다. 몸속의 모든 공기주머니에서 공기가 빠지고 쭈그러들어 인간의 형체를 한 살덩어리로 압축되겠지요.*

변해버린 모습을 생각하면 차라리 잘된 일인지도 모르지만, 아무튼 누구도 당신의 모습을 다시 보지 못할 겁니다. 몸속의 모든 공기주머니

---

* 또한, 매우 춥습니다. 마리아나 해구 위쪽의 수면은 수영복을 입고 편안하게 헤엄칠 정도입니다. 그러나 찬물은 따뜻한 물보다 밀도가 높으므로 가라앉습니다. 잠수함에서 나오는 순간, 당신은 영하에 가까운 차가운 물과 마주합니다. 이 상태로 약 45분 후면 죽습니다. 그러나 당신의 얼굴은 박살이 나 있을 것이므로 추위 따위는 걱정하지 않아도 됩니다.

에서 기체가 빠져나가는 바람에 사체가 수면으로 떠오르지 못하기 때문입니다. 이처럼 차가운 물속에서는 박테리아가 잘 살지 못하므로 사체의 분해도 천천히 진행될 겁니다. 아마도 당신의 살은 해저에 사는 다양한 생물들이 나눠 가질 것이고, 당신의 뼈는 '뼈를 먹는 스놋플라워Bone-eating snot flower'라는 벌레가 먹을 겁니다. 이 벌레는 평상시 고래의 뼈를 먹고 살지만, 당신의 경우는 예외로 삼아줄지도 모르겠네요.

태양에 발을 디딘다면?

비록 인간의 생명은 연약하지만, 우리 몸을 구성하는 물질은 그렇지 않습니다. 화산에 뛰어들거나 운석과 충돌하더라도 몸속의 원자 몇 개는 살아남을 겁니다. 그러나 목숨 걸고 당신의 마지막 남은 원자 1개까지 모두 없애보겠다면, 태양에 가는 것을 고려해보세요.

태양까지 가는 가장 빠른 방법은 의외로 간단합니다. 몸이 태양을 향해 스스로 낙하하도록 만드는 겁니다.* 연료 효율은 좀 떨어지지만요. 현재 지구는 태양 주위를 시속 약 11만 킬로미터의 속도로 공전합니다. 한 물체의 주위를 돌며 궤도 운동한다는 것은 그 물체를 향해 끊임없이

---

* 연료 효율은 높지 않을지 몰라도 매우 친환경적인 방법입니다. 당신이 화석 연료를 지구에서 모조리 제거해주기 때문입니다. 그래서 당신이 탄 우주선은 어떤 하이브리드 자동차보다 친환경적일 겁니다.

낙하하고 있다는 뜻입니다. 다만 옆으로 너무 빨리 움직이기 때문에 물체를 놓치는 것뿐이지요(108쪽을 참고하세요). 따라서 태양에 가고자 한다면 수평으로 움직이는 속도를 0으로 만들기만 하면 됩니다.

그러려면 일단 지구의 중력에서 벗어나야 합니다. 지구에서 160만 킬로미터 정도 멀어지면 충분합니다. 달까지 거리의 4배지요. 그다음 역추진 로켓에 불을 붙여 공전 속도를 시속 11만 킬로미터에서 0으로 낮춥니다.

그럼 태양을 향해 낙하하며 속도가 증가하기 시작합니다. 태양에 도착할 무렵이면 초속 618킬로미터, 혹은 시속 225만 킬로미터로 지금까지 어떤 인간도 이르지 못한 속도를 달성합니다. 당신은 65일 만에 태양에 도착할 겁니다. 태양으로 향하는 65일의 여행 중 64일까지는 순조롭게 진행될 겁니다. 엑스선과 열을 차단하는 장치만 있으면 됩니다. 미국 항공우주국 NASA가 태양에 보낼 탐사선 파커 솔라 프로브Parker Solar Probe에 사용된 탄소 섬유 단열재를 추천합니다. 이 단열재는 성능이 좋아서, 온도가 1,400도까지 올라가도 우주선 안은 상온을 유지합니다. 태양의 가시 표면에 도착하기 4시간 전까지는 견딜 수 있습니다.

그러나 태양의 가시 표면에 도착하기 4시간 전부터는 온도가 급격히 증가해 차단막의 용량을 훨씬 초과합니다. 자기장이 태양의 외부 대기인 코로나를 가열해 온도가 93만 도까지 올라갑니다. 그러나 당신은 여전히 진공 상태에 있으므로 처음에는 태양 표면에서 발산하는 5,500도의 복사열만 느낄 겁니다. 물론 그 정도도 우주선과 당신이 증기화되기에는 충분합니다.

코로나에서 시간을 보낸 후에도 살아남은 당신의 일부가 있다면 93만 도에서 천천히 익은 뒤, 물질의 네 번째 상태인 고도로 이온화된 플라스마 상태로 바뀝니다. 그 상태에서 태양의 자기장이 당신을 붙잡아 가느다란 국수 가닥처럼 늘일 겁니다. 그런 다음 비틀고 구부려 둥근 활 모양의 빛으로 만들지요. 아무리 작은 우주 망원경이라도 태양에 초점을 맞추기만 하면 아름다운 광경을 볼 수 있을 겁니다.

어쩌면 당신은 집으로 돌아올 수 있을지도 모릅니다. 당신의 몸이 원자 수준으로 잘게 조각난 후 태양의 자기장이 당신을 우주로 힘껏 내팽개친다면 며칠 만에 지구까지 이르는 1억 6,000만 킬로미터를 날아올 수 있을 테니까요.

지금까지 설명한 것은 모두 현실적으로 일어날 법한 일들입니다. NASA가 이를 우선순위로 삼는다면 말이지요. 그러나 잠시 현실에서 벗어나봅시다. 당신은 더 뛰어난 성능을 가진 단열재를 장착한 후 코로나를 통과해 태양의 가시 표면까지 도달했습니다.[*]

일단 코로나를 거쳐 가시 표면에 도달하면 코로나의 진공 상태를 떠나 태양의 대기로 진입할 때 온도는 상대적으로 온화한 5,500도까지 떨어집니다. 우주선의 단열 장치가 여전히 작동 중이라고 가정하면, 여기서 가장 눈에 띄는 것은 바로 소리입니다.

우주에서는 누구도 당신의 비명을 들을 수 없습니다. 누구도 귀청이 떨어질 만큼 커다란 태양의 울부짖음을 들을 수도 없지요. 만일 소리

---

[*]엄밀히 말해 태양에는 표면이 없습니다. 목성처럼 가스로 되어 있지요. 하지만 이온화된 가스층이 너무 두꺼워 안이 들여다보이지 않습니다. 그 부분을 태양의 표면이라고 부릅니다.

가 우주를 거쳐 완벽하게 지구까지 이동한다면, 태양의 소리는 마치 가속 중인 오토바이처럼 들릴 겁니다. 그러나 태양의 표면에서는 부글거리는 가스가 내는 소리가 콘서트장 스피커 바로 앞에 있을 때보다 100배는 더 시끄럽게 들리기 때문에, 엄청난 충격파로 폐의 허파꽈리를 파괴할 겁니다.

그러나 여기에서도 환상적인 방음 장치를 준비했다고 합시다. 이제 당신은 마침내 이 가스 별의 중심에 도달했습니다. 태양과 목성의 가장 큰 차이점은 각각을 구성하는 성분의 종류(대부분 헬륨과 수소)가 아닌 그 양에 있습니다. 태양은 목성보다 1,000배나 더 큽니다. 다시 말해 중심의 온도와 압력이 너무 높아서 핵폭발이 일어난다는 뜻입니다.

핵반응이 일어나는 장소에 있는 것은 위험합니다. 물론 이 경우라면 당신이 직접 핵반응에 참여하겠지만요. 태양 내부의 온도는 1,500만 도에 달하고 압력은 지구 표면의 2,500억 배입니다. 이런 조건은 몸 대부분이 수소로 이루어진 당신에게는 별로 유리하지 않습니다. 이 정도의 열을 받으면 수소 원자가 아주 빨리 움직이면서 서로를 들이받다가 마침내 융합해 수소의 동위원소인 이중수소, 삼중수소를 만듭니다. 수소의 동위원소들은 서로 충돌해 헬륨 핵이 되지요. 최종적으로 당신은 천천히 움직이는 수소 폭탄이 될 겁니다.

그러나 열을 생산한다는 측면에서라면 당신은 태양보다 생산성이 훨씬 높다는 사실을 말해야겠군요. 당신이 소파에 앉아 저녁에 먹은 음식을 에너지로 전환할 때, 당신은 단위 무게당 태양보다 더 많은 열을 생산합니다. 태양이 뜨거운 이유는 단지 크기가 크기 때문이지요. 당신이 태양만큼 거대하다면, 스스로 만들어내는 화학에너지 덕분에 우주에서 가장 뜨거운 별이 될 겁니다.

　그래서 당신이 어떻게든 태양 안에서 방사선에 노출되고 증기화되기 전에 아주 잠깐이라도 버틸 수 있다면, 당신으로 인해 태양은 아주 조금 더 따뜻해질 겁니다.

쿠키몬스터만큼 쿠키를 먹는다면?

아무것도 들어 있지 않은 위장의 크기는 주먹 정도입니다. 명절의 푸짐한 먹거리를 생각하면 안타까울 정도로 작은 크기지요. 다행히 위벽은 꽤 늘어납니다. 그래서 후식으로 맛있는 쿠키가 나오면 1개, 2개, 3개, 4개 할 것 없이 마음껏 먹을 수 있지요.

그렇다고 위가 한없이 늘어나는 건 아닙니다. 하지만 음식을 삼키는 근육의 힘이 아주 강해서, 우리는 실제 위가 처리할 수 있는 이상으로 많은 쿠키를 밀어 넣을 수 있습니다. 바로 그 사실이 문제를 일으킬 수 있지요.

쿠키로 배를 채우는 전문가는 물론 쿠키몬스터Cookie Monster입니다. 기록을 보면 쿠키몬스터는 미국의 유명한 어린이 프로그램 〈세서미 스트리트Sesame Street〉에 총 4,378회 등장했습니다. 비공식적인 조사 결과에 따르면 쿠키몬스터는 매회 약 3개의 쿠키를 먹었습니다. 계산하면 총 1만 3,134개의 쿠키를 먹은 셈이지요. 비록 어마어마한 양의 쿠키이지만, 45년간 방송에 출연하며 나누어 먹었으므로 완벽하게 안전합니다.

그러나 당신이 쿠키몬스터에 도전장을 내밀고, 앉은 자리에서 저 많은 쿠키를 모조리 먹어치운다면 어떻게 될까요?

'포만감'이란 단어는 배가 부르다는 뜻의 의학적 용어입니다. 포만감은 음식의 양뿐만 아니라 음식에 들어 있는 열량의 종류까지 복잡하게 얽힌 감각입니다. 서로 다른 종류의 열량은 각기 다른 반응을 일으킵니다. 단백질과 섬유질은 포만감을 늘리는 반면, 탄수화물과 지방은 포만감을 일으키는 효과가 떨어지지요.

위에서 뇌로 포만감을 알리는 신호는 먹자마자 바로 전달되는 게 아닙니다. 뇌가 배가 부르다는 메시지를 받기까지 15~20분 정도 걸리거든요. 다시 말해 빨리 먹을수록 너무 많이 먹었다는 사실을 뇌가 깨닫기 전에 더 많은 쿠키를 욱여넣을 수 있다는 뜻입니다.

보통 사람들은 쿠키 25개 분량의 음식을 먹으면 충분히 포만감을 느낍니다. 이 정도는 쿠키몬스터가 1번에 게걸스럽게 먹는 양에 해당합니다. 물론 위는 늘어나기 때문에 쿠키 25개가 신체의 한계는 아닙니다. 경쟁력 있는 식탐가라면 당연히 위를 늘리는 몇 가지 기술도 보유하고 있을 테지요.

우선 날씬한 체격이 도움이 됩니다. 쿠키를 5킬로그램어치나 먹으면서 날씬함을 유지한다는 게 터무니없긴 하지만, 몸에 지방이 적을수록 위가 바깥으로 늘어날 공간이 많아지는 게 사실입니다. 또한, 이렇게 많은 쿠키에 도전하기 전에 일종의 준비 운동을 하는 것이 좋습니다. 하루 전에 포도처럼 열량이 작고 부피가 큰 음식을 먹어 위장을 늘려놓으면 다음 날 위장이 다시 늘어나는 데 도움이 됩니다.

쿠키몬스터나 사람이나 할 것 없이, 쿠키를 60개씩이나 먹으면 그때부터 몸이 힘들어집니다. 1가지 확실히 해두자면 당신이 도전하는 것은 보통 크기의 초코 칩 쿠키이지, 초대형 쿠키가 아닙니다.

처음 쿠키 60개를 먹어본 사람이라면(그래서 구토 반사를 억눌러본 적이 없다면) 아마 구토 반사로 인해 위가 반발해 먹은 것을 게우려 할 겁니다. 그나마 다행이지요. 쿠키 60개는 대략 4리터 분량의 음식에 해당하는데, 그 정도면 위가 한계에 도달하기 때문입니다.*

우리는 스웨덴 의사 알고트 케이-오베리Algot Key-Åberg 덕분에 위장의 물리적 한계를 알게 되었습니다. 1800년대 후반, 케이-오베리는 아편을 과다복용한 환자의 위를 청소하기 위해 펌프로 물을 주입했습니다. 안타깝게도 환자가 약물을 복용하는 바람에 정상적인 구토 반사가 일어나지 않았습니다. 결국, 물풍선처럼 부푼 위가 터져 수술대 위에서 죽고 말았습니다.

이 사건이 케이-오베리의 궁금증을 자극했습니다. 그는 시체를 이용해 위의 용량을 제대로 측정하는 실험을 진행했습니다. 그리고 위장

---

*식욕이상항진증이 있는 사람은 이런 사고에 특히 위험합니다. 이들의 신체는 과하게 채워진 위에 길들어 구토 반사가 억제되기 때문입니다. 런던의 한 패션모델이 앉은 자리에서 쿠키 80개에 해당하는 8.6킬로그램의 음식을 먹고 위장 파열로 사망한 예가 있습니다.

은 최대 4리터까지 음식을 담을 수 있다는 결론을 내렸습니다(2리터짜리 대용량 탄산음료 병 2개가 나란히 서 있다고 상상해봅시다. 그보다 많이 먹거나 마시면 위가 파열되는 한계에 도달한다고 보면 됩니다).

이 한계치는 능력 있는 몇몇을 제외하고 거의 모든 사람에게 적용됩니다. 소수지만 무려 4리터를 넘기는 사람도 있습니다. 훈련된 정도에 따라서, 또는 유전적으로 위의 신축성이 뛰어나면 4리터보다도 많은 양을 먹는 게 가능합니다. 핫도그 먹기 대회 챔피언인 조이 체스트넛Joey Chestnut은 10분 만에 69개의 핫도그를 먹었습니다. 그 정도면 음식 9.5리터, 혹은 초코칩 쿠키 130개에 해당하는 양입니다.

하지만 당신에겐 유전적으로 물려받은 재능이 없다고 합시다. 당신은 쿠키 90개, 또는 6리터의 음식을 먹은 후부터 심각한 상태에 빠집니다. 위에서 가장 약한 부분은 '소만lesser curvature'이라고 불리는 부위입니다. 위가 강낭콩 모양이라고 생각해보면 소만은 안쪽으로 굽는 부분을 말합니다. 몸속에 들어간 쿠키가 처음으로 위를 뚫고 나올 부분이 바로 소만입니다.

몸의 내장은 쿠키에 사는 박테리아에 대한 방어력이 거의 없습니다. 웰치간균clostridium perfringens*은 다른 말로 가스괴저균gas gangrene이라고도 하는데, 쿠키가 위를 찢고 나가자마자 뱃속에서 자라기 시작할 겁니다. 이 균들은 살아 있는 조직을 파괴하고 가스를 생산해 복부 전체에 죽고 썩은 물질을 퍼트립니다.

---

*이 단어로 구글 이미지를 검색하지 마세요!

박테리아의 대량 침입에 반응해, 몸속의 면역계는 감염 지역으로 엄청난 양의 화학 물질을 보낼 겁니다. 패혈성 쇼크로 알려진 이 반응은 광범위하게 퍼진 감염에 대해 신체의 방어막을 형성합니다. 그러나 과도한 반응으로 당신을 죽일 수도 있습니다. 염증, 혈전, 혈류량 감소 등을 일으키기 때문이지요. 중요한 기관으로 혈액을 더 많이 보내기 위해 맥박이 빨라지고 체온은 위험한 수준까지 떨어지며 가스괴저(손상 부위에 혈액 공급이 차단된 후, 혐기성 세균이 자라면서 세포 조직이 죽는 증상 – 옮긴이)가 나타날 수 있습니다.

이러한 병원균은 백혈구나 항생제의 힘이 미치지 못하는 죽은 조직 안에서 보호받으며 생활합니다. 따라서 감염되면 증상이 빠르게 악화하므로 실력 있는 의사도 살리기 힘듭니다. 불과 1시간 만에 심장이 충분한 산소를 받지 못해 심정지가 일어나고 곧바로 뇌사로 이어집니다.

감염과는 별개로 그 전에 죽을 수도 있습니다. 평상시 위의 크기가 주먹만 하다는 사실을 기억하십시오. 6리터 분량의 쿠키로 배를 채우면 위는 평소보다 20배 더 커집니다. 그러면 급기야 신체의 다른 기능을 방해하게 되지요. 예를 들면 위장보다 아래쪽에 있는 창자 부위에서 심장으로 되돌아오는 혈관이 불어난 위장에 눌려 막힙니다. 호흡에도 문제가 생깁니다. 위장이 위쪽으로 늘어나면 폐가 위험해집니다. 평소보다 20배가 커진 위장이 폐의 자리까지 밀고 올라가는 바람에 아마 쿠키로 인한 질식사를 하게 될 겁니다.

질식, 위벽 파열, 산소 결핍으로 인한 장 경색(패혈성 쇼크는 무시합시다)으로부터 당신을 살리기 위한 의학적 전투는 매우 치열할 겁니다.

그러나 결국 당신의 목숨은 소화 중에 생산되는 가스의 양에 달려 있습니다. 쿠키 60개를 먹은 후 소화 과정에서 발생하는 가스가 위장의 물리적 용량 이상으로 압력을 가하면, 위가 엄청난 힘으로 폭발하면서 치명적인 초코 칩 쿠키 내용물을 복부 전체에 퍼트릴 겁니다. 다시 말해 당신은, 트림 때문에 죽게 된다는 것이지요.

이 정도로는 겁나지 않는다고요? 이 책에 나온 흥미로운 이야기들의 출처를 아래에 모아놓았습니다. 본문의 내용으로 만족하지 못했다면, 공장에서 일어나는 불의의 사고와 상어의 공격, 공군 실험 등에 대한 아래의 자세한 읽을거리들을 참고해보세요.

비행기 창문이 날아가 버린다면?

🔎 인체의 평균 비율: http://www.fas.harvard.edu/~loebinfo/loebinfo/Proportions/humanfigure.html

🔎 조종석 창문으로 빨려 나갈 뻔한 브리티시 항공의 기장 이야기: http://www.theatlantic.com/technology/archive/2011/04/what-to-do-when-your-pilot-gets-sucked-out-the-plane-window/236860/

백상아리에게 물린다면?

🔍 이유를 알 수 없는 상어의 공격(미국): https://en.wikipedia.org/wiki/
List_of_fatal,_unprovoked_shark_attacks_in_the_United_States

🔍 혈관 손상 시 처치 방법: http://www.trauma.org/archive/vascular/
PVTmanage.html

바나나 껍질을 밟고 미끄러진다면?

🔍 바나나 껍질의 마찰계수: "Frictional Coefficient under Banana Skin",
https://www.jstage.jst.go.jp/article/trol/7/3/7_147/_article

🔍 인간 두개골의 내구성과 두개골 골절의 물리적 특징: Gary M. Bakken,
H. Harvey Cohen, Jon R. Abele, *Slips*, *Trips*, *Missteps and Their
Consequences*, 119.

산 채로 땅속에 묻힌다면?

🔍 눈사태 희생자의 사망 원인: H. Stalsberg, C. Albretsen, M. Gilbert,
et al., *Virchows Archiv. A, Pathological Anatomy and Histology*,
Vol. 414, 415. https://link.springer.com/article/10.1007/
BF00718625

🔍 폐쇄된 공간에서 생존할 확률의 등식: http://www-das.uwyo.
edu/~geerts/cwx/notes/chap01/ox_exer.html

🔍 이산화탄소 축적에 의한 사망: https://www.blm.gov/style/medialib/
blm/wy/information/NEPA/cfodocs/howell.Par.2800.File.

dat/25apxC.pdf

벌 떼의 공격을 받는다면?

🔎슈미트의 곤충 침 통증 지수 전체 목록: Justin O. Schmidt, *The Sting of the Wild*.

🔎슈미트 통증 지수를 다룬 〈내셔널 지오그래픽〉 기사: http://phenomena. nationalgeographic.com/2014/04/03/the-worst-places-to-get-stung-by-a-bee-nostril-lip-penis/

🔎벌에 쏘였을 때 신체 부위별 통증에 관한 스미스의 연구: https://doi. org/10.7717/peerj.338

운석과 충돌한다면?

🔎운석의 가격: https://geology.com/meteorites/value-of-meteorites. shtml

🔎운석 충돌로 인한 쓰나미: https://www.sfsite.com/fsf/2003/ pmpd0310.htm

두뇌를 잃어버린다면?

🔎피니어스 게이지 이야기: Malcolm Macmillan, *An Odd Kind of Fame: Stories of Phineas Gage*.

🔎뇌수종 사례 연구: Dr. John Lorber, "Is Your Brain Really Necessary?", Research News. http://www.rifters.com/real/

articles/Science_No-Brain.pdf

세상에서 가장 큰 소리가 나오는 헤드폰을 낀다면?

⌕ 역사상 가장 큰 소리: http://nautil.us/blog/the-sound-so-loud-that-it-circled-the-earth-four-times

⌕ 커피를 뜨겁게 데우려면 얼마나 소리를 질러야 하나요?: http://www.physicscentral.com/explore/poster-coffee.cfm

달로 가는 우주선에 몰래 올라탄다면?

⌕ 진공 상태에 노출된 사고: http://www.geoffreylandis.com/vacuum.html

⌕ 저기압에 노출된 경우: https://www.sfsite.com/fsf/2001/pmpd0110.htm

프랑켄슈타인 박사의 전기 충격 장치에 몸이 묶인다면?

⌕ 인체에 전류가 흐를 때의 효과: http://www.ncbi.nlm.nih.gov/pmc/articles/PMC2763825/

엘리베이터 케이블이 끊어진다면?

⌕ 엘리베이터에 갇힌 니컬러스 화이트 이야기: http://www.newyorker.com/magazine/2008/04/21/up-and-then-down

나무통을 타고 나이아가라 폭포에서 떨어진다면?

⌕ 나이아가라 폭포에 도전한 사람들: https://www.niagarafallslive.com/

daredevils_of_niagara_falls.htm

ρ추락 높이의 치명성에 관한 미국 항공우주국 NASA의 연구: http://ntrs.
nasa.gov/archive/nasa/casi.ntrs.nasa.gov/19930020462.pdf

ρ자유 낙하 시 고도에 따른 추락 속도 계산기 http://www.angio.net/
personal/climb/speed

영원히 잠들 수 없게 된다면?

ρ쥐를 대상으로 한 수면 부족 증상 연구: http://www.ncbi.nlm.nih.gov/
pubmed/2928622

ρ랜디 가드너의 이야기 및 장기적인 수면 부족에 따르는 신경학적 변화:
http://archneur.jamanetwork.com/article.aspx?articleid=565718

벼락을 맞는다면?

ρ번개에 관한 책: Martin A. Uman, *All About Lightning*.

ρ번개와 심장박동의 타이밍: Craig B. Smith, *Lightning: Fire from the
Sky*, 44.

ρ벤저민 프랭클린과 정전기학: https://www.sfsite.com/fsf/2006/
pmpd0610.htm

세상에서 가장 차가운 물이 담긴 욕조에 들어간다면?

ρ유럽 입자물리연구소 사고 보고서: https://cds.cern.ch/
record/1235168/

- 액체 헬륨의 부피: http://www.airproducts.com/products/Gases/gas-facts/conversion-formulas/weight-and-volume-equivalents/helium.aspx
- 초저온 상태에 대해: https://www.sfsite.com/fsf/2010/pmpd1007.htm

우주에서 스카이다이빙을 한다면?

- 궤도 속도 계산기: http://hyperphysics.phy-astr.gsu.edu/hbase/orbv3.html
- 추락하는 물체에 관한 연구: http://www.pdas.com/falling.html

타임머신을 타고 시간 여행을 한다면?

- 태양의 역사: http://www.space.com/22471-red-giant-stars.html
- 먼 미래에 일어날 사건들의 연대표: http://www.bbc.com/future/story/20140105-timeline-of-the-far-future
- 지구의 대기에서 산소량의 변화를 나타낸 그래프: https://en.wikipedia.org/wiki/Atmosphere_of_Earth#/media/File:Sauerstoffgehalt-1000mj2.png
- 공룡 시대로 되돌아간다면?: http://www.robotbutt.com/2015/06/12/an-interview-with-thomas-r-holtz-dinosaur-rock-star/
- 야생에서 먹을 수 있는 것들: http://www.wilderness-survival.net/plants-1.php#fig9_5

ρ 과거의 화석 기록: https://www.sfsite.com/fsf/2015/pmpd1507.htm

꼼짝도 못 할 만큼 수많은 인파에 갇힌다면?

ρ 군중의 밀도: http://www.gkstill.com/Support/crowd-density/CrowdDensity-1.html

ρ 인파가 몰리는 곳에서의 사고 예방법: http://www.newyorker.com/magazine/2011/02/07/crush-point

블랙홀로 뛰어든다면?

ρ 블랙홀로 뛰어들기: https://www.sfsite.com/fsf/2015/pmpd1501.htm

ρ 국수 효과를 다룬 책: Neil deGrasse Tyson, *Death by Black Hole: And Other Cosmic Quandaries*.

침몰하는 타이태닉 호에서 구명보트에 타지 못했다면?

ρ 차가운 아이스크림을 먹었을 때 뇌에 일어나는 일: http://www.fasebj.org/content/26/1_Supplement/685.4.short

이 책이 당신을 죽일 수 있다면?

ρ 발열량계: http://www.thenakedscientists.com/forum/index.php?topic=14079.0

나이 들어 죽는다면?

🔍마이크로라이프의 증가와 감소: http://www.scientificamerican.com/article/how-to-gain-or-lose-30-minutes-of-life-everyday/

🔍사망률에 관한 곰페르츠 법칙의 기원: http://www.ncbi.nlm.nih.gov/pubmed/18202874

어떤 곳에 갇힌다면?

🔍고도에 따른 표준 대기압: https://www.engineeringtoolbox.com/standard-atmosphere-d_604.html

🔍'육군 생존 지침서' 제16장–소변을 마시지 말 것: http://thesurvivalmom.com/wp-content/uploads/2015/03/FM_21-76-US-army-survival-manual.pdf

대머리수리 둥지에서 자란다면?

🔍왜 날고기를 먹으면 안 되나요?: http://time.com/3731226/you-asked-why-cant-i-eat-raw-meat/

🔍신대륙 수리들의 마이크로바이옴: http://www.nature.com/ncomms/2014/141125/ncomms6498/full/ncomms6498.html

🔍수리를 놀라게 하면 안 되는 이유: http://animals.howstuffworks.com/birds/vulture-vomit.htm

화산에 제물로 바쳐진다면?

🔍 용암에 빠졌다가 구사일생으로 살아 돌아온 지질학자: http://articles.latimes.com/1985-06-14/news/mn-2540_1_kilauea-volcano

🔍 용암 구덩이에 유기 물질을 떨어뜨리는 동영상: https://www.youtube.com/watch?v=kq7DDk8eLs8

계속 누워서 생활한다면?

🔍 2016년 미국에서 가장 안전한 주: https://wallethub.com/edu/safest-states-to-live-in/4566/

땅속에 지구 반대편으로 연결되는 터널을 파고 뛰어든다면?

🔍 지구의 구조: http://hyperphysics.phy-astr.gsu.edu/hbase/geophys/earthstruct.html

🔍 깊이에 따른 지구의 온도: http://en.wikipedia.org/wiki/Geothermal_gradient#/media/File:Temperature_schematic_of_inner_Earth.jpg

🔍 대척점 지도(어디서부터 땅을 파야 할지 모를 때 유용합니다): http://www.findlatitudeandlongitude.com/antipode-map/#.VS6rxqWYCyM

🔍 지구 내부를 통과하는 데 걸리는 정확한 시간: http://scitation.aip.org/content/aapt/journal/ajp/83/3/10.1119/1.4898780

프링글스 공장을 견학하다가 감자 통에 빠진다면?

🔎 공장 사고사 기록: *Factory Inspector*, April 1905.

엄청나게 큰 총으로 러시안룰렛을 한다면?

🔎 마이크로몰트: http://danger.mongabay.com/injury_death.htm

🔎 일상생활 위험 지수: http://www.riskcomm.com/visualaids/ riskscale/datasources.php

🔎 일상생활 위험 도표: http://static.guim.co.uk/sys-images/Guardian/ Pix/pictures/2012/11/6/1352225082582/Mortality-rates-big- graph-001.jpg

목성으로 여행을 떠난다면?

🔎 목성의 대기 조성 http://lasp.colorado.edu/education/outerplanets/ giantplanets_atmospheres.php

🔎 갈릴레오 탐색기: https://nssdc.gsfc.nasa.gov/nmc/spacecraftDisplay. do?id=1989-084E

🔎 행성의 대기: https://www.sfsite.com/fsf/2013/pmpd1301.htm

가장 치명적인 독극물을 먹는다면?

🔎 보툴리눔 독소 H형의 발견: Jason R. Barash and Stephen S. Arnon, "A Novel Strain of Clostridium botulinum That Produces Type B and Type H Botulinum Toxins", *Journal for Infectious*

Diseases (2013/10/7). http://jid.oxfordjournals.org/content/
early/2013/10/07/infdis.jit449.short

- 리트비넨코 청문회─알렉산더 리트비넨코 사망 사건 보고서: https://
www.nytimes.com/interactive/2016/01/21/world/europe/
litvinenko-inquiry-report.html

핵겨울을 나야 한다면?

- 에이블 아처 83 기밀 해제 문서 보고서 http://nsarchive.gwu.edu/
nukevault/ebb533-The-Able-Archer-War-Scare-Declassified-
PFIAB-Report-Released/2012-0238-MR.pdf
- 핵겨울의 파괴력: http://www.helencaldicott.com/nuclear-war-
nuclear-winter-and-human-extinction/
- 컴퓨터 모델로 확인한 가상 핵겨울 시나리오: http://www.popsci.
com/article/science/computer-models-show-what-exactly-would-
happen-earth-after-nuclear-war
- 핵전쟁이 환경에 미치는 영향: http://climate.envsci.rutgers.edu/pdf/
ToonRobockTurcoPhysicsToday.pdf
- 핵 기근에 관한 IPPNW의 연구: http://www.ippnw.org/nuclear-
famine.html

금성에서 휴가를 보낸다면?

- 태양계 낙하산: https://solarsystem.nasa.gov/docs/07%20-%20

Space%20parachute%20system%20design%20Lingard.pdf

금성에 치는 번개: https://www.space.com/9176-lightning-venus-strikingly-similar-earth.html

모기떼의 공격을 받는다면?

파나마 운하 건설 중에 있었던 모기떼의 습격: http://www.economist.com/blogs/economist-explains/2014/10/economist-explains-2

캐나다 툰드라 지역에서 모기떼의 습격: Richard Jones, *Mosquito*, 51.

인간 포탄이 된다면?

포탄의 포구 속력: http://defense-update.com/products/digits/120ke.htm

고층 빌딩 꼭대기에서 떨어진 동전에 맞는다면?

1페니 동전의 종단속도: http://www.aerospaceweb.org/question/dynamics/q0203.shtml

떨어지는 포도를 입으로 받아먹는 방법: George Plimpton, *George Plimpton on Sports*, 187.

농구공의 반발 계수: http://blogmaverick.com/2006/10/27/nba-balls/

누군가와 진짜로 악수를 한다면?

🔎 태양에서 핵융합에 의한 에너지 생성: http://solarscience.msfc.nasa.gov/interior.shtml

🔎 양성자–양성자 결합: http://hyperphysics.phy-astr.gsu.edu/hbase/astro/procyc.html

돋보기 아래 놓인 개미가 된다면?

🔎 아르키메데스의 '죽음의 광선'을 재현하는 영상: http://web.mit.edu/2.009/www/experiments/deathray/10_ArchimedesResult.html

🔎 레이저로 초점 맞추기: https://www.sfsite.com/fsf/2001/pmpd0101.htm

입자가속기에 손을 넣는다면?

🔎 대형 강입자충돌기: http://home.cern/topics/large-hadron-collider

🔎 입자가속기의 빔에 머리를 맞은 사람: http://www.extremetech.com/extreme/186999-what-happens-if-you-get-hit-by-the-main-beam-of-a-particle-accelerator-like-the-lhc

독서 중에 갑자기 이 책이 블랙홀로 변한다면?

🔎 동전이 블랙홀로 변한다면?: http://quarksandcoffee.com/index.php/2015/07/10/black-hole-in-your-pocket/

이마에 아주 강력한 자석을 붙인다면?

🔎마그네타란 무엇일까?: http://www.scientificamerican.com/article/magnetars/

🔎자기부상에 대해: http://www.ru.nl/hfml/research/levitation/diamagnetic/

🔎강자기장 물리학: https://arxiv.org/abs/astro-ph/0002442

고래에게 먹혀 뱃속으로 들어가게 된다면?

🔎향유고래의 목구멍 크기: http://www.smithsonianmag.com/smart-news/could-a-whale-accidentally-swallow-you-it-is-possible-26353362/?no-ist

🔎향유고래에서 나오는 용연향: http://news.nationalgeographic.com/news/2012/08/120830-ambergris-charlie-naysmith-whale-vomit-science/

심해에서 수영한다면?

🔎고압이 인체에 미치는 영향: https://www.cdc.gov/niosh/docket/archive/pdfs/NIOSH-125/125-ExplosionsandRefugeChambers.pdf

🔎해저의 깊이에 따른 압력: http://hyperphysics.phy-astr.gsu.edu/hbase/pflu.html

태양에 발을 디딘다면?

🔎 태양의 엑스선: https://sunearthday.nasa.gov/swac/tutorials/sig_goes.php

쿠키몬스터만큼 쿠키를 먹는다면?

🔎 위의 용량에 관한 케이-오베리 박사의 연구: "Rupture of the Stomach", *The Lancet*, September 19, 1891, 678.

그 밖의 읽을거리

🔎 Sebastian Junger, *The Perfect Storm: A True Story of Men Against the Sea, 141.*

🔎 Randall Munroe, *What If?*

🔎 Phil Plait, *Death from the Skies!*

🔎 Jearl Walker, *The Flying Circus of Physics with Answers.*

🔎 조지아주립대학교 물리천문학과 웹사이트: http://hyperphysics.phy-astr.gsu.edu/hbase/hph.html

이 책은 창의적이고 친절한 수많은 분들의 도움이 없이는 결코 쓰지 못했을 것입니다. 지면이 허락하지 않아, 도와주신 분들의 이름을 모두 나열하는 대신 특별히 감사드려야 할 몇 분의 이름만 언급하도록 하겠습니다.

쉼표를 어디에 찍어야 하는지부터 책 제목까지, 엄청난 도움을 준 가족에게 감사합니다. 엉뚱하고 진지한 질문에 기꺼이 응대해준 친구들에게 감사합니다. 인생에서, 학교에서, 토론 중에, 거실에서, 모닥불 근처에 둘러앉아, 인터넷 상에서 저희에게 가르침을 주신 위대한 선생님들께 감사합니다.

책의 등장인물을 그림으로 그려내고, 또 죽이기도 한 케빈 플로트너Kevin Plottner의 솜씨에 감사합니다. 저희에게 기회를 준 앨리아 하빕

Alia Habib과 매코믹McCormick 식구들에게 감사합니다. 편집자 멕 레더Meg Leder에게 감사합니다. 다방면으로 도와준 펭귄 출판사Penguin 팀 전체에게도 감사를 전합니다.

그리고 당신이 죽는다면

2018년 3월 22일 초판 1쇄 발행
2019년 11월 1일 초판 4쇄 발행

지은이 | 코디 캐시디, 폴 도허티
옮긴이 | 조은영
발행인 | 윤호권
책임편집 | 최안나
책임마케팅 | 문무현

발행처 | (주)시공사
출판등록 | 1989년 5월 10일(제3-248호)

주소 | 서울시 서초구 사임당로 82(우편번호 06641)
전화 | 편집(02)2046-2861 · 마케팅(02)2046-2894
팩스 | 편집 · 마케팅(02)585-1755
홈페이지 | www.sigongsa.com

ISBN 978-89-527-9044-6 03400

이 도서의 국립중앙도서관 출판예정도서목록(CIP)은 서지정보유통지원시스템 홈페이지
(http://seoji.nl.go.kr)와 국가자료공동목록시스템(http://www.nl.go.kr/kolisnet)에서 이용
하실 수 있습니다.(CIP제어번호: CIP2018007602)